机电专业"十三五"规划教材

机械加工技术

主　编　朱祖武　赖武军　沈艳军
副主编　王翠芳　曾小虎　史洪松
　　　　李景魁　高　威　王秀丽

吉林大学出版社

图书在版编目（CIP）数据

机械加工技术 /朱祖武，赖武军，沈艳军　主编. -- 长春：
吉林大学出版社，2017.1
ISBN 978-7-5677-9002-5

①机… Ⅱ. ①朱… ②赖… ③沈… Ⅲ. ①金属切
削－高等职业教育－教材 Ⅳ. ①TG506

中国版本图书馆 CIP 数据核字（2017）第 045239 号

书　　名　机械加工技术
　　　　　JIXIE JIAGONG JISHU

作　　者　朱祖武 赖武军 沈艳军 主编
策划编辑　黄国彬
责任编辑　张洪亮
装帧设计　赵俊红
出版发行　吉林大学出版社
社　　址　长春市朝阳区明德路 501 号
邮政编码　130021
发行电话　0431-89580028/29/21
网　　址　http://www.jlup.com.cn
电子邮箱　jlup@mail.jlu.edu.cn
印　　刷　廊坊市广阳区九洲印刷厂
开　　本　787×1092　1/16
印　　张　15
字　　数　330 千字
版　　次　2017 年 1 月 第 1 版
印　　次　2024 年 2 月 第 2 次印刷
书　　号　ISBN 978-7-5677-9002-5
定　　价　48.00 元

前　言

应用型人才的教育是面向生产、管理第一线的技术型人才的培养，因此其基础课程的教学应以必需、够用为原则，以掌握概念、强化应用为教学重点，注重岗位能力的培养。在本书编写过程中，本着以培养学生综合职业能力为宗旨，努力贯彻以职业实践活动为导向，以项目教学为主线，以操作技能为载体的编写方针，突出职业教育的特点，结合提高学生就业竞争力和发展潜力的培养目标，对理论知识和生产实践进行了有机整合，着重培养学生机械加工工艺编制能力、专业知识综合应用能力及解决生产实际问题的能力。

根据行业企业发展需要和完成职业实践活动所需要的知识、能力和素质要求，本书制造理论知识内容力求贴近零件制造和产品装配的生产实际，突出知识的实用性、综合性和先进性，以职业能力培养为核心，不断提高学生专业知识的综合应用能力，促进学生职业素质的养成，使学生具有较强就业竞争力和发展潜力。

本书围绕应用型本科、职业教育机电类专业教学改革实践的基础性、操作性的培养目标进行编写的，内容以机械制造为基础，重点讲述机械制造中常用的车削加工、铣削加工、刨削加工、磨削加工及钳工加工等实践操作规程和方法。完全改变了过去重理论轻实践的编写内容。教材教学内容共分七个项目：机械加工工艺规程、车削加工技术、铣削加工技术、刨削加工技术、磨削加工技术、钳工加工技术、其他机械加工技术。本书突出校企合作、工学交替培养技术技能的原则，突破传统课程与课程之间相对独立、相互割裂的局限，将机械加工的基本知识、基本技能进行了重新组合，具有很强的实用性和可操作性。

本书由江西工业贸易职业技术学院的朱祖武、江西环境工程职业学院的赖武军和沈阳特种设备检测研究院的沈艳军担任主编，由江西旅游商贸职业学院的王翠芳、江西生物科技职业学院的曾小虎、江西工程学院的史洪松、无锡商业职业技术学院的李景魁、商丘工学院的高威和郑州航空工业管理学院的王秀丽担任副主编。南昌江铃集团车架有限责任公司的支崇敬高级工程师参与了技术指导。

本书适用于应用型本科院校、职业院校机电类专业用书，同时也可作机械工程人员参考资料或机械工程培训教材。本书的相关资料和售后服务可扫描本书封底的微信二维码或登录 www.bjzzwh.com 网站下载获得。

本书在编写过程中，难免有疏漏和不当之处，敬请各位专家及读者不吝赐教。

编　者

目　录

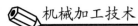

第一章 机械加工工艺规程

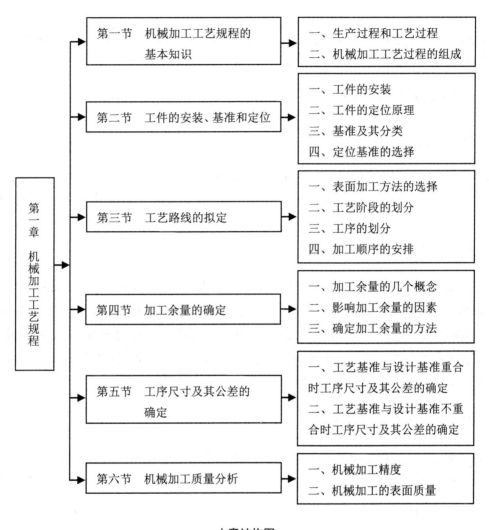

本章结构图

【学习目标】

➢ 了解机械加工工艺规程的基本概念；

➢ 掌握工件的安装、基准和定位；

➢ 掌握机械加工工艺路线的拟定；

➢ 掌握加工余量的确定；

> ➢ 掌握工序尺寸及其公差的确定；
> ➢ 掌握机械加工质量分析。

第一节 机械加工工艺规程的基本知识

机械加工工艺规程的基本概念主要有生产过程和工艺过程、机械加工工艺过程的组成、生产纲领和生产类型、机械加工工艺规程、工艺规程的类型。

一、生产过程和工艺过程

（一）生产过程

把原材料转变为成品的全过程，称为生产过程。生产过程一般包括原材料的运输仓储保管、生产技术准备、毛坯制造、机械加工、含热处理、装配、检验、喷涂、包装和入库等。

（二）工艺过程

在上述生产过程中凡是直接改变生产对象的形状、尺寸、相对位置和性质等，使之成为成品或半成品的过程称为工艺过程。工艺过程的种类较多，有毛坯制造、热处理、机械加工、装配等工艺过程。机械加工工艺过程是机械产品生产过程的一部分，是对机械产品中的零件采用各种加工方法直接用于改变毛坯的形状、尺寸、表面粗糙度以及力学物理性能，使之成为合格零件的全部劳动过程。

二、机械加工工艺过程的组成

机械加工工艺过程是由若干个顺序排列的工序组成的，机械加工中的每一个工序又可依次细分为安装、工位、工步和走刀。

（一）工序

机械加工工艺过程的工序是指一个（或一组）工人在一个工作地点对一个（或同时对几个）工件连续完成的那一部分工艺过程。只要工人、工作地点及工作对象之一发生变化或不是连续完成，则应成为另一工序，因此同一个零件同样的加工内容可以有不同的工序安排，此外，零件的生产类型不同，为了提高生产率和加工的经济性，加工过程中的工序划分也不同。如图 1-1 所示的阶梯轴，当加工数量较少时，工艺过程和工序的划分如表 1-1 所示，共有四道工序。在加工数量较多时如表 1-2 所示，可分为六道工序。

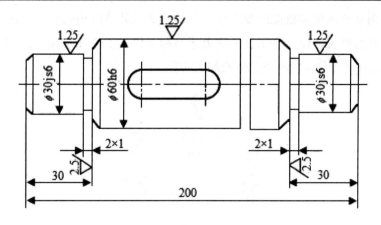

图 1-1 阶梯轴

表 1-1 单件小批量生产时阶梯轴的加工工艺过程

工序号	工序内容	设备
1	车一端面，钻中心孔；调头，车另一端面，钻中心孔	车床
2	车外圆、切槽及倒角；调头，车外圆、切槽及倒角	车床
3	铣键槽、去毛刺	铣床、钳工
4	磨外圆	磨床

表 1-2 大批量生产时阶梯轴的加工工艺过程

工序号	工序内容	设备
1	两端同时铣端面钻中心孔	专用机床
2	车一端外圆、切槽和倒角	车床
3	车另一端外圆、切槽和倒角	车床
4	铣键槽	铣床
5	去毛刺	钳工
6	磨外圆	磨床

（二）安装

工件经一次装夹后所完成的那一部分工序内容称为安装。在一道工序中工件可能只需要安装一次，也可能需要安装几次，表 1-2 的工序 4 中只需一次安装即可铣出键槽，表 1-1 工序 2 中至少两次安装才能完成全部工艺内容。

（三）工位

为了完成一定的工序部分，一次装夹工件后，工件与夹具或设备的可动部分一起，相对于刀具或设备的固定部分所占据的每一个位置称为工位。为了实现工位的转换，在生产中常用一些不需要重新装卸就能改变工件位置的夹具或其他机构来装夹工件。图 1-2 所示是利用回转工作台换位，使一个工件依次处于装卸工件（工位 1）、钻孔（工位 2）、扩孔（工位 3）和铰孔（工位 4）四个工位的加工实例。

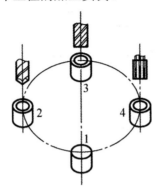

图 1-2　多工位加工

1-装卸工件；2-钻孔；3-扩孔；4-铰孔

（四）工步

在加工表面、切削刀具、切削速度和进给量不变的条件下，连续完成的那一部分工序内容称为工步。为了提高生产率，用几把刀具同时加工几个加工表面的工步，称为复合工步，也可以看作一个工步。例如，带回转刀架的机床（转塔车床或加工中心）其回转刀架的一次转位所完成的工位内容应属一个工步，此时若几把刀具同时参与切削，该工步称为复合工步，如图 1-3 所示。

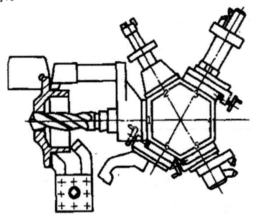

图 1-3　复合工步

（五）走刀

切削刀具在加工表面上切削一次所完成的工步内容，称为一次走刀。走刀是构成工艺过程的最小单元。一个工步可包括一次或数次走刀。当需要切去的金属层很厚，不能在一次走刀下切完，则需分几次走刀。

机械加工工艺过程基本组成部分之间的关系见表1-3。

表1-3　机械加工工艺过程基本组成部分之间的关系

单件工艺生产过程	工序	安装	工位	工步	走刀	成批成产工艺过程	工序	安装	工位	工步	走刀
（图）	1	1		1 2	1 1	（图）三工位铣端面钻中心孔专用机床	1 铣端打中心孔	1	1装卸 2铣端面 3钻中心孔	1 1 1	1 1 1
（图）	2	1				（图）	2 车	1	1	1 2	2 1
（图）	3	1		2 1 2	1 2 1	（图）	3 车	1	1	1 2 3	2 1 1
（图）	4	1		2 1 2 3	1 2 1 1	（图）	4 铣槽	1	1	1	1
（图）	2 铣槽	1	1	1	1						

三、生产纲领和生产类型

（一）生产纲领

企业在计划期内应生产的产品产量（年产量）和进度计划称为生产纲领。某种零件的年产量可用以下公式计算：

$$N = Q_n(1 + \alpha\%)(1 + \beta\%)$$

式中：N为零件的年产量（件/年）；Q为产品的年产量（台/年）；n为每台产品中该零件的

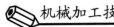

数量（件/台）；$\alpha\%$ 为零件的备品率；$\beta\%$ 为零件的平均废品率。

生产纲领的大小一定程度上决定了零件或产品的生产类型，不同的生产类型的工艺特征各不相同，制定工艺规程时必须和生产类型相适应。因此，生产纲领是制定和修改工艺规程的重要依据。

（二）生产类型

根据生产纲领的大小，机械制造企业的生产可分为 3 种类型，见表 1-4 和表 1-5。

表 1-4　不同生产类型和生产纲领

生产类型		零件的年生产纲领（件/年）		
		轻型零件 （零件质量<100kg）	中型零件 （零件质量 100～2 000kg）	重型零件 （零件质量>2 000kg）
单件生产		<100	<10	<5
成批 生产	小批	100～500	10～200	5～100
	中批	500～5 000	200～500	100～300
	大批	5 000～50 000	5100～5 000	300～1 000
大量生产		>50 000	>5 000	>1 000

表 1-5　各种生产类型的工艺特征

工艺特征	生产类型		
	单件生产	成批生产	大批量生产
工件的互换性	没有互换性	部分互换	完全互换
毛坯和加工余量	木模铸造	金属模铸造	金属模机器造型
机床设备	通用机床；数据机床	加工中心或柔性制造单元	专业生产线、自动生产线
夹具	多用标准附件	广泛采用家居和组合夹具	广泛采用高生产率夹具
刀具与量具	采用通用道具和万能量具	专业刀具及专业量具	高生产率道具和量具
工艺规程	工艺过程卡	工艺卡、重要工序详细	工艺过程卡、工序卡
对工人的要求	需要技术熟练的工人	需要一定熟练程度的工人	对操作工人要求较低

（1）单件生产。产品品种很多，同一产品产量很少，很少重复生产，各工作加工对象经常改变。例如：重型机械制造、专用设备制造和新产品试制均属单件生产。

（2）成批生产。一年中分批、分期地制造同一产品，工作加工对象周期性重复。如机床制造、机车制造等多属于成批生产。一次投入或生产的同一产品（或零件）的数量称为生产批量。按照批量的大小，成批生产又分为小批生产、中批生产和大批生产。

（3）小批生产。生产的特点与单件生产基本相同。

（4）中批生产。生产的特点介于小批生产和大批生产之间。

（5）大批生产。生产的特点与大量生产基本相同。

（6）大量生产。产品产量很大，大多数工作长期重复进行某一工件某一道工序的生产。如汽车、自行车、缝纫机和轴承制造等产品制造多属大量生产。

四、机械加工工艺规程

规定产品或零部件制造工艺过程和操作方法等的工艺文件称为工艺规程。机械加工工艺规程一般应规定工序的加工内容、检验方法、切削用量、时间定额及所采用机床和工艺装备等。编制工艺规程是生产准备工作的重要内容之一。合理的工艺规程对保证产品质量、提高劳动生产率、降低原材料及动力消耗、改善工人的劳动条件等都有十分重要的意义。

（一）工艺规程的作用

在生产过程中，工艺规程有如下几方面的作用：

（1）工艺规程是指导生产的重要技术文件。合理的工艺规程是在总结广大工人和技术人员长期实践经验的基础上，结合工厂具体生产条件，根据工艺理论和必要的工艺试验而制定的。按照它进行生产，可以保证产品质量、较高的生产效率和经济性。经批准生效的工艺规程在生产中应严格执行，否则，往往会使产品质量下降，生产效率降低。但是，工艺规程也不应是固定不变的，工艺人员应注意及时总结广大工人的革新创造经验，及时吸收国内外先进工艺技术，对现行规程不断地予以改进和完善，使其能更好地指导生产。

（2）工艺规程是生产组织和生产管理工作的基本依据。有了工艺规程，在产品投产之前，就可以根据它进行原材料、毛坯的准备和供应，机床设备的准备和负荷的调整，专用工艺装备的设计和制造，生产作业计划的编排，劳动力的组织以及生产成本的核算等等，便整个生产有计划地进行。

（3）工艺规程是新建或扩建工厂或车间的基本资料。在新建或扩建工厂、车间的工作中，根据产品零件的工艺规程及其他资料，可以统计出所建车间应配备机床设备的种类和数量，算出车间所需面积和各类人员数量，确定车间的平面布置和厂房基建的具体要求，从而提出有根据的筹建或扩建计划。

制定工艺规程的基本原则：保证以最低的生产成本和最高的生产效率，可靠地加工出符合设计图样要求的产品。因此在制定工艺规程时，应从工厂的实际条件出发，充分利用现有设备，尽可能采用国内外的先进技术和经验。

（二）工艺规程的基本要求

一个产品合理的工艺规程要体现出以下几方面的基本要求：

（1）产品质量的可靠性。工艺规程要充分考虑和采取一切确保产品质量的必要措施，以期能全面、可靠和稳定地达到设计图样上所要求的精度、表面质量和其他技术要求。

（2）工艺技术的先进性。工艺规程的先进性指的是在工厂现有条件下，除了采用本厂成熟的工艺方法外，尽可能地吸收适合工厂情况的国内外同行的先进工艺技术和工艺装备，以提高工艺技术水平。

（3）经济性。在一定的生产条件下，要采用劳动量、物资和能源消耗最少的工艺方案，从而使生产成本最低，使企业获得良好的经济效益。

（4）有良好的劳动条件。制定的工艺规程必须保证工人具有良好而安全的劳动条件。尽可能采用机械化或自动化的措施，以减轻某些笨重的体力劳动。

制定工艺规程时应具有相关的原始资料。主要有产品的零件图和装配图，产品的生产纲领，有关手册、图册、标准、类似产品的工艺资料和生产经验，工厂的生产条件（机床设备、工艺设备、工人技术水平等）以及国内外有关工艺技术的发展情况等。这些原始资料是编制工艺规程的出发点和依据。

（三）编制工艺规程的步骤

通常，编制工艺规程的大致步骤如下：

（1）研究产品的装配图和零件图，进行工艺分析。分析产品零件图和装配图，熟悉产品用途、性能和工作条件；了解零件的装配关系及其作用，分析制定各项技术要求的依据，判断其要求是否合理；零件结构工艺性是否良好。通过分析找出主要的技术要求和关键技术问题，以便在加工中采取相应的技术措施。如有问题，应与有关设计人员共同研究，按规定的手续对图样进行修改和补充。

（2）确定毛坯。在确定毛坯时，要熟悉本厂毛坯车间（或专业毛坯厂）的技术水平和生产能力，各种钢材、型材的品种规格。应根据产品零件图和加工时的工艺要求（如定位、夹紧、加工余量和结构工艺性），确定毛坯的种类、技术要求及制造方法。在必要时，应和毛坯车间技术人员一起共同确定毛坯图。

（3）拟定工艺路线。工艺路线是指产品或零部件在生产过程中，由毛坯准备到成品包装入库，经过企业各有关部门或工序的先后顺序。拟定工艺路线是制定工艺规程十分关键的一步，需要提出几个不同的方案进行分析对比，寻求一个最佳的工艺路线。

（4）确定各工序的加工余量，计算工序尺寸及其公差。

（5）选择各工序使用的机床设备及刀具、夹具、量具和辅助工具。

（6）确定切削用量及时间定额。

（7）填写工艺文件。生产中常见的工艺文件的格式有机械加工工艺过程卡片、机械加工工艺卡片及机械加工工序卡片，它们分别适合于不同的生产情况。

五、工艺规程的类型

生产中工艺规程的类型有以下几种：

（1）机械加工工艺过程卡片。机械加工工艺过程卡片（表1-6）以工序为单位，简要列出零件的加工步骤和加工内容，主要用于单件小批量生产，也可用于生产管理。

表1-6　机械加工工艺过程卡片

工厂名	机械加工工艺过程卡片	材料	名称	零件名称		零件图号			第　页
				毛坯	种类	零件重量（kg）	毛重		共　页
			牌号		尺寸		净重		
			性能	每料件数		每台件数		每批件数	
工序号	工作内容			加工车间	设备名称标号	夹具	道具	量具	技术等级	时间定额（min）	
										单件	准备—终结
更改内容											
编制		抄写		校对		审核			批准		

（2）机械加工工艺卡片。机械加工工艺卡片（表1-7）以工序为单位，简要列出零件的加工过程，用以指导生产，多用于不太复杂零件的批量加工。

表1-7　机械加工工艺卡片

（工厂名）	机械加工工艺卡片	材料	产品名称及型号		零件名称				第　页
			名称	毛坯	种类	零件重量	毛重		
			牌号		尺寸		净重		共　页
			性能	每台件数			每批件数		
	工序内容	同时加工零件数	切削用量				设备名称编号	刀具	夹具	量具	技术等级	工时定额	
			背吃刀量	切削速度	切削速度	进给量						单件	准备—终结
更改内容													
编制		抄写		校对		审核		批准					

（3）机械加工工序卡片。机械加工工序卡片（表1-8）以工序为单位，每张卡片都画出工序简图并标注该工序加工技术要求，同时用粗实线标出加工部位，用规定符号标出定位及夹紧部位等，还应详细填写各工步内容、加工中所需设备及工装、切削用量及冷却液种类等内容。

表1-8　机械加工工序卡片

工厂名	机械加工工序卡片	产品名称及型号	零件名称	零件图号	工序名称	工序号	第　页
							共　页
		车间	工段	材料名称	材料牌号	力学性能	
		同时加工件数	每料件数	技术等级	单件时间	准备—终结	
（画工序简图处）		设备名称	设备编号	夹具名称	夹具编号	工作液	
		更改内容					

工步号	工步内容	计算数据			走刀次数	切削用量			工时定额（min）			刀具量具及辅助工具				
		直径	进给长度	单边余量		背吃刀量	进给量	切削速度	切削速度	基本时间	辅助时间	工作地点	工步号	名称	规格	编号	数量

编制		抄写		校对		审核		批准	

第二节　工件的安装、基准和定位

一、工件的安装

为了在工件的某一部位上加工出符合规定技术要求的表面，在机械加工前，必须使工件在机床上相对于工具占据某一正确的位置。通常把这个过程称为工件的"定位"。工件定位后，由于在加工中受到切削力及重力等的作用，还应采用一定的机构将工件"夹紧"，使其确定的位置保持不变。工件从"定位"到"夹紧"的整个过程，统称为"安装"。

在各种不同的机床上加工零件时，有各种不同的安装方法。安装方法可以归纳为直接找正法、划线找正法和采用夹具安装法等 3 种。

（一）直接找正法

直接找正法如图 1-4 所示。

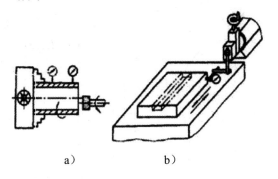

a）　　　　　　　　　b）

图 1-4　直接找正装夹工件

a）在内圆磨床上找正工件；b）在刨床上找正工件

采用这种方法时，工件在机床上应占有的正确位置，是通过一系列的尝试而获得的。具体的方式是将工件直接装在机床上后，用百分表或划针盘上的划针，以目测法校正工件的正确位置，一边校验一边找正，直至符合要求。

直接找正法的定位精度和找正的快慢，取决于找正精度、找正方法、找正工具和工人的技术水平。它的缺点是花费时间多，生产率低，且要凭经验操作，对工人技术的要求高，故仅用于单件、小批量生产中。此外，对工件的定位精度要求较高时，例如误差小于 0.01～0.05 mm 时，采用夹具难以达到要求（因其本身有制造误差），就不得不使用精密量具，并由有较高技术水平的工人用直接找正法来定位，以达到精度要求。

（二）划线找正法

划线找正法如图 1-5 所示。

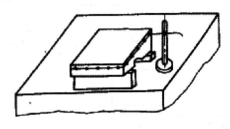

图 1-5　划线找正法

此法是在机床上用划针按毛坯或半成品上所划的线来找正工件，使其获得正确位置的一种方法。显而易见，此法要多一道划线工序。划出的线本身有一定宽度，在划线时又有划线误差，校正工件位置时还有观察误差，因此该法多用于生产批量较小、毛坯精度较低以及大型工件等不宜使用夹具的粗加工中。

（三）采用夹具安装法

采用夹具安装法如图 1-6 所示。

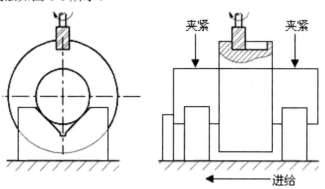

图 1-6　铣键槽工序的安装

夹具是机床的一种附加装置，它在机床上相对刀具的位置在工件未安装前已预先调整好，所以在加工一批工件时不必再逐个找正定位，就能保证加工的技术要求。既省工又省事，是高效的定位方法，在成批和大量生产中广泛应用。

二、工件的定位

（一）六点定位原理

任何一个工件，它在空间直角坐标系中均有六个自由度，即沿 x，y，z 坐标轴的移动自由度和绕 x，y，z 坐标轴的转动自由度，如图 1-7 所示。

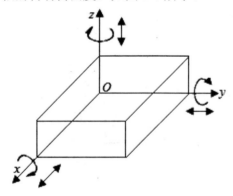

图 1-7　工件在空间的六个自由度

如果要使工件在某方向上有确定的位置，就必须限制该方向上的自由度。　当工件的六个自由度完全被限制后，则该工件在空间的位置就完全被确定了。限制自由度的方法是采用定位支承点，每一个定位支承点限制工件的一个自由度。

采用六个按一定规则合理布置的支承点，限制工件的六个自由度，使工件在机床或夹具中占有正确的位置，这就是"六点定位原理"。

（二）工件定位的四种情况

（1）完全定位。工件六个自由度全部被限制，如图 1-8a）所示，在铣床上铣削工件的沟槽。

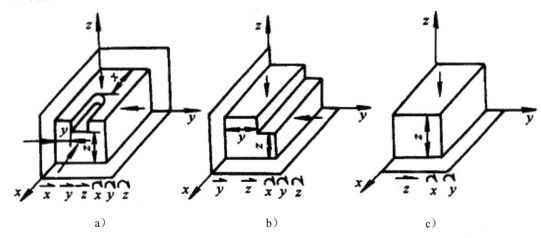

图 1-8　工件应限制自由度数的确定

a）在铣床上铣削工件的沟槽；b）铣削工件的台阶面；c）铣削工件平面

（2）部分定位。根据工件的加工要求，应限制的自由度数少于六个的叫部分定位，也叫不完全定位。图 1-8b）为铣削工件的台阶面，只需限制 5 个自由度；图 1-8c）为铣削工件平面，只需限制 3 个自由度。

（3）欠定位。工件定位时，应限制的自由度数少于按加工要求所必须限制的自由度数，工件定位不足。称为欠定位。图 1-8a）中，如果沿 x 轴方向的移动自由度没有被限制，则 x 轴方向的沟槽尺寸就无法保证，故欠定位是不允许的。

（4）过定位。工件定位时，多个定位支承点重复限制同一自由度的情况，称为过定位或重复定位。

三、基准及其分类

基准是用来确定生产对象上几何要素间的几何关系所依据的那些点、线及面。根据基准的作用不同，可分为设计基准和工艺基准。

（一）设计基准

在设计图样上所采用的基准称为设计基准。如图 1-9 所示零件，其轴心线 $O\text{-}O$ 是外圆和内孔的设计基准。端面 A 是端面 B、C 的设计基准，内孔 Φ20H7 的轴心线是 Φ40h6 外圆柱面径向圆跳动和端面 B 圆跳动的设计基准。这些基准是从零件使用性能和工作条件要求出发，适当考虑零件结构工艺性而选定的。

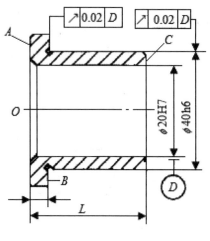

图 1-9 设计基准

（二）工艺基准

在工艺过程中采用的基准称为工艺基准。工艺基准按用途不同又分为工序基准、定位基准、测量基准和装配基准。

（1）工序基准。在工序图上用来确定本工序被加工表面加工后的尺寸、形状、位置的基准称为工序基准。如图 1-10a）所示，设计图上键槽底面位置尺寸 S 的设计基准为轴心线 O。由于工艺上的需要，在铣键槽工序中，键槽底面的位置尺寸按工序图 1-10b）标注，轴套外圆柱面的最低母线 B 为工序基准。

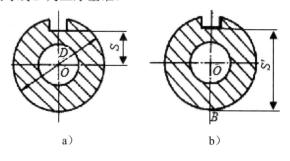

图 1-10 工序基准

a）轴套零件图；b）轴套铣键槽工序图

（2）定位基准。在加工时，为了保证工件被加工表面相对于机床和刀具之间的正确位置（即将工件定位）所使用的基准称为定位基准。如图 1-11a）所示，轴套零件在加工键槽的工序中，工件以内孔在心轴上定位，则孔的轴心线 O 是定位基准。若工件以外圆柱面在支承板上定位，如圈 l-11b）所示，则母线 B 为该工序的定位基准。

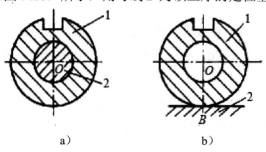

图 1-11 定位基准

a）工件以心轴定位；b）工件以轴承定位

（3）测量基准。测量时所采用的基准称为测量基准。图 1-12 为检验零件大端侧平面位置尺寸所采用的两种测量方法。图 1-12a）用极限量规测量，母线 a-a′ 为测量基准。图 1-12b）用游标卡尺测量，大圆柱面上距侧平面最远的圆柱母线为测量基准。

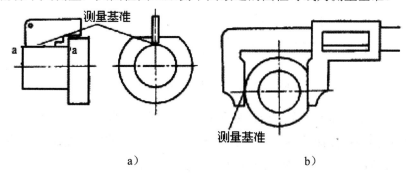

图 1-12 测量基准

a）用极限量规测量；b）用游标卡尺测量

（4）装配基准。装配时用来确定零件或部件在产品中的相对位置所采用的基准称为装配基准。装配基准通常就是零件的主要设计基准。

四、定位基准的选择

在制定零件加工工艺过程时，合理地选择定位基准，对保证零件的位置精度，安排加工顺序有着决定性的影响。选择定位基准应从有相互位置精度要求的表面中选择，且尽量与设计基准或装配基准重合。

定位基准可分为粗基准和精基准。用未加工过的毛坯表面作为定位基准的称为粗基准；用已加工过的表面作为定位基准的称为精基准。

（一）粗基准的选择

粗基准的选择是否合理，直接影响到各加工表面加工余量的分配，以及加工表面和不加工表面的相互位置关系。因此，必须合理选择。具体选择时一般应遵循以下原则：

（1）保证相互位置要求的原则。为保证加工面和不加工面的相互位置要求，则应以不加工面作为粗基准。如图 1-13 所示，以不加工的外圆表面作粗基准，可以保证内孔加工后壁厚均匀。同时还可以在一次安装中加工出大部分要加工的表面。

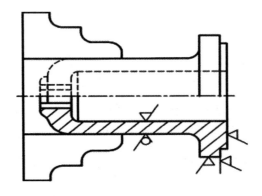

图 1-13　套类零件的粗基准选择

（2）保证加工表面加工余量合理分配原则。为保证重要加工表面的加工余量均匀，应选择该表面的毛坯面为粗基准。例如，车床床身加工中，导轨面是最重要的表面，它不仅精度要求高，而且要求导轨面有均匀的金相组织和较高的耐磨性，应使导轨面去除余量小且均匀。因此应选择导轨面为粗基准，先加工底面，如图 1-14a）所示，然后再以底面为精基准加工导轨面，如图 1-14b）所示。这就可以保证导轨面的加工余量均匀。

（3）便于工件装夹的原则。选择粗基准时，必须考虑定位准确、夹紧可靠及操作方便等，要求选用的粗基准尽量平整、光洁和有足够大的尺寸，不允许有飞边、浇冒口等缺陷。

（4）粗基准一般不得重复使用的原则。若毛坯的定位面很粗糙，在两次装夹中使用同一粗基准就会造成相当大的定位误差。

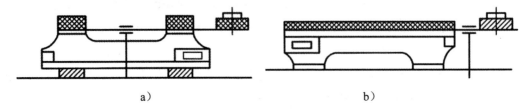

a）　　　　　　　　　　　　　　　　　　b）

图 1-14　车床床身的粗基准选择

a）加工底面；b）以底面为精基准加工导轨面

（二）精基准的选择

选择精基准主要考虑如何减少加工误差、保证加工精度，使工件装夹方便，并使零件的制造较为经济、容易，具体选择时可遵循以下原则：

（1）基准重合原则。选择被加工表面的设计基准为精基准称为基准重合原则。采用基准重合原则可以避免由定位基准和设计基准不重合而引起的定位误差，如图 1-15 所示。

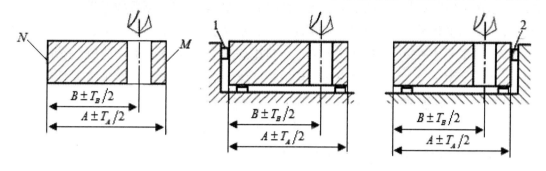

图 1-15　基准重合原则

（2）基准统一原则。当工件以某一组精基准可以比较方便地加工其他表面时，应尽可能在多数工序中采用此同一组精基准定位，这就是基准统一原则。采用统一基准可以避免基准变换所产生的误差，提高各加工表面之间的位置精度，同时简化夹具的设计和制造的工作量。

（3）自为基准原则。某些要求加工余量小而均匀的精加工工序，选择加工表面本身为基准进行加工，称为自为基准原则。如拉孔、铰孔、珩磨孔、浮动镗刀镗孔都是自为基准加工的例子。采用自为基准原则加工时，只能提高加工表面本身的尺寸精度、形状精度，不能提高加工表面的位置精度，加工表面的位置精度应由前道工序保证。

（4）互为基准原则。为使各加工表面之间有较高的位置精度，且使其加工余量小而均匀，可采用两个表面互为基准反复加工，称为互为基准原则。

在实际生产中，精基准的选择要完全符合上述原则，有时很难做到。应根据具体的加工对象和加工条件，从保证主要技术要求出发，灵活选用有利的精基准。

第三节　工艺路线的拟定

制定机械加工工艺规程时，首先应拟定零件（或产品）加工的工艺路线。它是工艺设计的总体布局。其主要任务是选择零件表面的加工方法、确定加工顺序和划分工序。根据工艺路线，可以选择各工序的工艺基准、确定工序尺寸、设备、工装、切削用量和时间定额等。在拟定工艺路线时应从工厂的实际情况出发充分考虑应用各种新工艺、新技术的可行性和经济性，多提几个方案，进行分析比较，以便确定一个符合工厂实际情况的最佳工艺路线。

一、表面加工方法的选择

一个有一定技术要求的零件表面，一般不是用一种工艺方法一次加工就能达到设计要求，所以对于精度要求较高的表面，在选择加工方法时，总是根据各种工艺方法所能达到的加工经济精度和表面粗糙度等因素来选定它的最后加工方法，然后再选定前面一系列准备工序的加工方法和顺序，经过逐次加工达到其设计要求。以上因素中的加工经济精度是指在正常的加工条件下（采用符合质量标准的设备、工艺装备和标准技术等级工人、不延长加工时间）所能保证的加工精度。常见工艺方法能达到的经济精度及表面粗糙度可以查阅有关工艺手册，部分摘录见附录。选择零件表面加工方法应着重考虑以下几个问题。

（一）被加工表面的精度和表面质量要求

一般情况下所采用加工方法的经济精度应能保证零件图样所规定的精度和表面质量要求。例如，材料为碳钢，尺寸精度为IT7，表面粗糙度 $R_a=0.8~\mu m$ 的外圆柱面，用车削、磨削加工都能达到，但因为上述加工精度是磨削的加工经济精度，而不是车削的加工经济精度，所以应该选用磨削加工方法作为达到工件加工精度的最终加工方法。当多种加工方法的加工经济精度都能够满足被加工表面的精度和表面粗糙度要求时，选择加工方法则取决于零件的结构形状、尺寸大小、材料及热处理等因素。

例如，尺寸精度为IT7的孔，采用镗、铰、磨、拉削加工均可达到精度要求，都符合加工经济精度。但是，如果是箱体上的孔，则不应选择拉削和内圆磨削加工。因为箱体采用拉削和内圆磨削加工，工艺复杂，甚至无法实施，所以宜采用镗削或铰削加工，对于位置精度要求较高的孔，采用坐标镗或坐标磨加工，因为铰孔不能纠正孔的位置偏差。被加工表面的尺寸大小对选择加工方法也有一定的影响。

又如，孔径较大时宜选用镗孔，如果选用铰孔，将使铰刀直径过大，制造和使用都不方便。加工直径小的孔，则采用铰孔较为适当，因为对小孔进行镗削加工将导致键杆直径过小，刚度差，不易保证孔的加工精度。

（二）零件材料的性质及热处理要求

对于加工质量要求高的有色金属零件，一般采用精细车、精细铣或金刚镗进行加工，应避免采用磨削加工，因为磨削有色金属易堵塞砂轮。经淬火后的钢质零件宜采用磨削加工和特种加工。

（三）生产率和经济性要求

所选择的零件加工方法，除保证产品的质量和经济精度要求外，应有尽可能高的生产率。尤其在大批量生产时，应尽量采用高效率的先进加工方法和设备，以达到大幅度提高生产效率的目的。例如，采用拉削方法加工内孔和平面，采用组合铣削、磨削，同时加工几个表面。甚至可以改变毛坯形状，提高毛坯质量，实现少切屑、无切屑加工。但是在批量不大的情况下，如果盲目采用高效率的先进加工方法和专用设备，会因投资增大、设备利用率不高，使产品成本增高。

二、工艺阶段的划分

（一）工艺划分的阶段

从保证加工质量、合理使用设备及人力等因素考虑，工艺路线按工序性质一般分为粗加工阶段、半精加工阶段和精加工阶段。对那些加工精度和表面质量要求特别高的表面，在工艺过程中还应安排光整加工阶段。

（1）粗加工阶段。粗加工阶段的主要任务是切除加工表面上的大部分余量，使毛坯的形状和尺寸尽量接近成品。粗加工阶段，加工精度要求不高，切削用量、切削力都比较大，所以粗加工阶段主要应考虑如何提高劳动生产率。

（2）半精加工阶段。半精加工阶段主要为表面的精加工作好必要的精度和余量准备，并完成一些次要表面的加工（如钻孔、攻螺纹、切槽等）。对于加工精度要求不高的表面或零件，经半精加工后即可达到其加工要求。

（3）精加工阶段。使精度要求高的表面达到规定的质量要求。要求的加工精度较高，各表面的加工余量和切削用量都比较小。

（4）光整加工阶段。光整加工阶段的主要任务是提高被加工表面的尺寸精度和减小表面粗糙度，一般不能纠正形状和位置误差。对尺寸精度和表面粗糙度要求特别高的表面，才安排光整加工。

（二）工艺阶段的划分的作用

将工艺过程划分阶段有以下几方面作用。

1. 保证产品质量

在粗加工阶段切除的余量较多，产生的切削力和切削热较大，工件所需要的夹紧力也大，因而使工件产生的内应力和由此引起的变形也大，所以粗加工阶段不可能达到高的加工精度和较小的表面粗糙度。完成零件的粗加工后，再进行半精加工、精加工，逐步减小切削用量、切削力和切削热。可以逐步减小或消除先行工序的加工误差，减小表面粗糙度，最后达到设计图样所规定的加工要求。

2. 合理使用设备

由于工艺过程分阶段进行，粗加工阶段可采用功率大、刚度好、精度低、效率高的机床进行加工，以提高生产率。精加工阶段可采用高精度机床和工艺装备，严格控制有关的工艺因素，以保证加工零件的质量要求。所以粗、精加工分开，可以充分发挥各类机床的性能、特点，做到合理使用，延长高精度机床的使用寿命。

3. 便于热处理工序的安排，使热处理与切削加工工序配合更合理

机械加工工艺过程分阶段进行，便于在各加工阶段之间穿插安排必要的热处理工序，既可以充分发挥热处理的效果，也有利于切削加工和保证加工精度。例如，对一些精密零件，粗加工后安排去除内应力的时效处理，可以减小工件的内应力，从而减小内应力引起的变形对加工精度的影响。在半精加工后安排淬火处理，不仅能满足零件的性能要求，也使零件的粗加工和半精加工容易，零件因淬火产生的变形又可以通过精加工予以消除。对于精密度要求更高的零件，在各加工阶段之间可穿插进行多次时效处理，以消除内应力，最后进行光整加工。

4. 便于及时发现毛坯缺陷和保护已加工表面

由于工艺过程分阶段进行，在粗加工各表面之后，可及时发现毛坯缺陷（气孔、砂眼和加工余量不足等），以便修补或发现废品，以免将本应报废的工件继续进行精加工，浪费工时和制造费用。

应当指出，拟定工艺路线一般应遵循工艺过程划分加工阶段的原则，但是在具体运用时又不能绝对化。当加工质量要求不高，工件的刚性足够，毛坯质量高，加工余量小时可以不划分加工阶段。在自动机床上加工的零件以及某些运输、装夹困难的重型零件，也不划分加工阶段，而在一次装夹下完成全部表面的粗、精加工。对重型零件可在粗加工之后将夹具松开以消除夹紧变形。然后再用较小的夹紧力重新夹紧，进行精加工，以利于保证重型零件的加工质量。但是对于精度要求高的重型零件，仍要划分加工阶段，并适时进行时效处理以消除内应力。上述情况在生产中需按具体条件来决定。

工艺路线划分加工阶段是对零件加工的整个工艺过程而言，不是以某一表面的加工或某一工序的加工而论。例如，有些定位基面，在半精加工阶段，甚至粗加工阶段就需要精确加工，而某些钻小孔的粗加工，又常常安排在精加工阶段。

三、工序的划分

在选定了各表面的加工方法和划分加工阶段之后，就可以将同一阶段中各加工表面的加工组合成不同的工序。在划分工序时可以采用工序集中或分散的原则。

（一）工序集中

如果在每道工序中安排的加工内容多，则一个零件的加工可集中在少数几道工序内完成，工序少，称为工序集中。工序集中具有以下特点：

（1）工件在一次装夹后，可以加工多个表面，能较好地保证表面之间的相互位置精度；可以减少装夹工件的次数和辅助时间；减少工件在机床之间的搬运次数，有利于缩短生产周期。

（2）可减少机床数量和操作工人，节省车间生产面积，简化生产计划及组织工作。

（二）工序分散

在每道工序所安排的加工内容少，一个零件的加工分散在很多道工序内完成，工序多，称为工序分散。工序分散具有以下特点：

（1）机床设备及工装比较简单，调整方便，生产工人易于掌握。

（2）可以采用最合理的切削用量，减少机动时间。

（3）设备数量多，操作工人多，生产面积大。

在一般情况下，单件小批生产多为工序集中，大批、大量生产则工序集中和分散二者兼有。需根据具体情况，通过技术经济分析来决定。

四、加工顺序的安排

加工顺序的安排主要包括切削加工工序的安排、热处理工序的安排和辅助工序安排。

（一）切削加工工序的安排

零件的被加工表面不仅有自身的精度要求，而且各表面之间还常有一定的位置要求，在零件的加工过程中要注意基准的选择与转换。安排加工顺序应遵循以下原则：

（1）当零件分阶段进行加工时一般应遵守"先粗后精"的加工顺序，即先进行粗加工，再进行半精加工，最后进行精加工和光整加工。

（2）先加工基准表面，后加工其他表面。在零件加工的各阶段，应先把基准面加工出来，以便后继工序用它定位加工其他表面。

（3）先加工主要表面，后加工次要表面。零件的工作表面、装配基面等应先加工，而键槽及螺孔等往往和主要表面之间有相互位置要求，一般应安排在主要表面之后加工。

（4）先加工平面，后加工内孔。对于箱体和模板类零件平面轮廓尺寸较大，用它定位，稳定可靠，一般总是先加工出平面作精基准，然后加工内孔。

（5）对套类零件，一般情况下先加工内孔，后加工外表面。

（二）热处理工序的安排

热处理工序在工艺路线中的安排，主要取决于零件热处理的目的。

（1）为改善金属组织和加工性能的热处理工序，如退火、正火和调质等，一般安排在粗加工前后。

（2）为提高零件硬度和耐磨性的热处理工序，如淬火和渗碳淬火等，一般安排在半精加工之后，精加工和光整加工之前。渗氮处理温度低、变形小，且渗氮层较薄，渗氮工序应尽量靠后，如安排在工件粗磨之后，精磨和光整加工之前。

（3）时效处理的目的在于减小或消除工件的内应力，一般在粗加工之后，精加工之前进行。对于高精度的零件，在加工过程中常进行多次时效处理。

（三）辅助工序安排

辅助工序主要包括检验、去毛刺、清洗和涂防锈油等。其中检验工序是主要的辅助工序。为了保证产品质量，及时去除废品，防止浪费工时，并使责任分明，检验工序应以下几种情况安排：

（1）零件粗加工或半精加工结束之后。

（2）重要工序加工前后。

（3）零件送外车间（如热处理）加工之前。

（4）零件全部加工结束之后。

（5）钳工去毛刺常安排在易产生毛刺的工序之后，检验及热处理工序之前。

第四节　加工余量的确定

一、加工余量的几个概念

（一）工序余量和加工总余量

加工余量分为工序余量和加工总余量。工序余量是相邻两工序的工序尺寸之差，是被加工表面在一道工序中切除的金属层厚度。

若以 Z_i 表示工序余量（i 表示工序号），对于图 1-16 所示加工表面，则有：

$$Z_2 = A_1 - A_2$$
$$Z_2 = A_2 - A_1$$

式中：A_1 为前道工序的工序尺寸；A_2 为本道工序的工序尺寸。

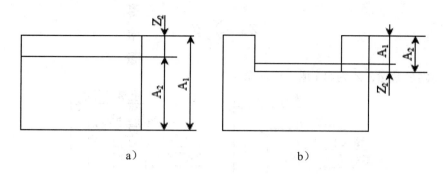

图 1-16   单边加工余量

图 1-16 所示加工余量是单边余量。对于对称表面或回转体表面，其加工余量是对称分布的，是双边余量，如图 1-17 所示。

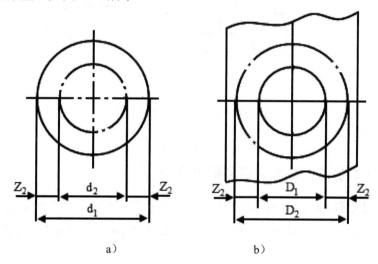

图 1-17   双边加工余量

a）外圆柱面；b）孔

图 1-18 是轴和孔的毛坯余量及各工序余量的分布情况。图中还给出了各工序尺寸及毛坯尺寸的制造公差。工序尺寸的公差一般规定在零件的入体方向（使工序尺寸的公差带处在被加工表面的实体材料方向）。对于被包容面（轴），基本尺寸为最大工序尺寸；对于包容面（孔），基本尺寸为最小工序尺寸。毛坯尺寸的公差一般采用双向标注。

对于轴，图 1-18a）中 $\qquad 2Z = d_1 - d_2$

对于孔，图 1-18b）中 $\qquad 2Z_2 = D_2 - D_1$

式中：$2Z_2$ 为直径上的加工余量；d_1、d_2 为前道工序的工序尺寸（直径）；D_2、D_2 为本道工序的工序尺寸（直径）。

加工总余量虽是毛坯尺寸与零件图的设计尺寸之差，也称毛坯余量。它等于同一加工表面各道工序的余量之和。即

$$Z_{总} = \sum_{i=1}^{n} Zi$$

式中：$Z_{总}$为总余量；Z_i为第 i 道工序的余量。

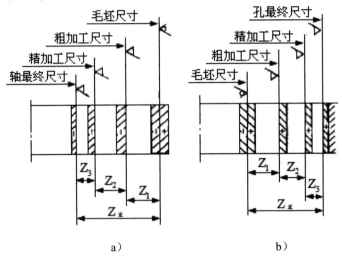

图 1-18　工序余量和毛坯余量

a）轴；b）孔

（二）基本余量、最大余量和最小余量

由于毛坯尺寸和工序尺寸都有制造公差，总余量和工序余量都是变动的。所以加工余量有基本余量、最大余量和最小余量三种情况。如图 1-19 所示的外表面加工，则

基本余量（Z_i）为

$$Z_i = A_{i-1} - A_i$$

最大余量（$Z_{i\,max}$）为

$$Z_{i\,max} = A_{i-1\,max} - A_{i\,min} = Z_i + T_i$$

最小余量（$Z_{i\,min}$）为

$$Z_{i\,min} = A_{i-1\,min} - A_{i\,max} = Z_i - T_{i-1}$$

式中：A_{i-1}，A_i 分别为前道和本道工序的基本工序尺寸；A_{i-1max}，$A_{i-1\,min}$ 分别为前道工序的最大、最小工序尺寸；$A_{i\,max}$，$A_{i\,min}$ 分别为本道工序的最大、最小工序尺寸；T_{i-1}，T_i 分别为前道和本道工序的工序尺寸公差。

加工余量的变化范围称为余量公差（$T_{z,\,i}$）。它等于前道工序和本道工序的工序尺寸公差之和。即

$$T_{z,\,i} = Z_{i\,max} - Z_{i\,min} = (Z_i + T_i) - (Z_i - T_{i-1}) = T_i + T_{i-1}$$

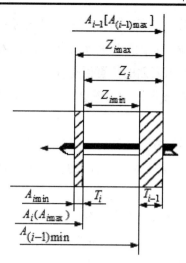

图 1-19　基本余量、最大余量和最小余量

二、影响加工余量的因素

加工余量的大小直接影响零件的加工质量和成本。余量过大会使机械加工的劳动量增加，生产率下降。同时也会增加材料、工具和动力的消耗，使生产成本提高。余量过小不易保证产品质量，甚至出现废品。确定工序余量的基本要求是各工序所留的最小加工余量能保证被加工表面在前道工序所产生的各种误差和表面缺陷被相邻的后续工序去除，使加工质量提高。以车削图 1-20a) 所示圆柱孔为例，分析影响加工余量大小的因素，如图 1-20b) 和图 1-20c) 所示，图中尺寸 d_1、d_2 分别为前道和本道工序的工序尺寸。

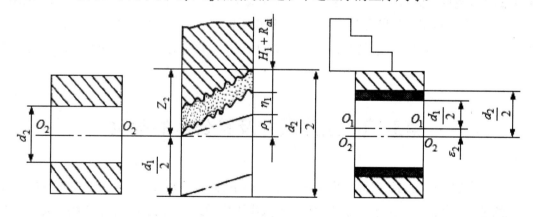

图 1-20　影响加工余量的因素

O_1O_1 — 加工前孔的轴心线；O_2O_2 — 回转轴心线

影响加工余量的因素主要包含以下几个：

（1）被加工表面上由前道工序产生的微观天平度 R_{a1} 和表面缺陷层深度 H_1。

（2）被加工表面上由前道工序产生的尺寸误差和几何形状误差。一般形状误差 η_1 已包含在前道工序的工序尺寸公差 T_1 范围内，所以应将 T_1 计入加工余量。

（3）前道工序引起的被加工表面的位置误差 ρ_1。

（4）本道工序的装夹误差 ε_2。这项误差会影响切削刀具与被加工表面的相对位置，所以也应计入加工余量。

由于 ρ_1 和 ε_2 在空间有不同的方向，所以在计算加工余量时应按两者的矢量和进行计算。

按照确定工序余量的基本要求，对于对称表面或回转体表面，工序的最小余量应按下列公式计算：

$$2Z_2 \geqslant T_1 + 2(R_{a1} + H_1) + 2|\rho_1 + \varepsilon_2|$$

对于非对称表面其加工余量是单边的，可按下式计算：

$$Z_2 \geqslant T_1 + R_{a1} + H_1 + |\rho_1 + \varepsilon_2|$$

三、确定加工余量的方法

确定加工余量的方法主要有以下几个：

（1）经验估计法。根据工艺人员和工人的长期生产实践经验，采用类比法来估计以确定加工余量的大小。此法简单易行，但有时被经验所限，为防止余量不够产生废品，估计的余量一般偏大。多用于单件小批生产。

（2）分析计算法。此法是以一定的试验资料和计算公式为依据，对影响加工余量的诸因素进行逐项的分析计算以确定加工余量的大小。所确定的加工余量比较精确。但要有可靠的实验数据和资料。计算较繁杂，仅在大批生产和大量生产中的一些重要工序采用。

（3）查表修正法。以有关工艺手册和资料所推荐的加工余量为基础，结合实际加工情况进行修正以确定加工余量的大小。此法应用较广。查表时应注意表中数值是单边余量还是双边余量。

第五节　工序尺寸及其公差的确定

某工序加工应达到的尺寸称为工序尺寸。正确确定工序尺寸及其公差是制定零件工艺规程的重要工作之一。工序尺寸及其公差的大小不仅受到加工余量大小的影响，而且与工序基准的选择有密切关系。下面分两种情况进行讨论。

一、工艺基准与设计基准重合时工序尺寸及其公差的确定

工序尺寸及其公差的确定是指定位基准、工序基准、测量基准与设计基准重合时，同

一表面经过多次加工才能满足加工精度要求，应如何确定各种工序的工序尺寸及其公差。一般外圆柱面和内孔加工多属这种情况。

要确定工序尺寸，首先必须确定零件各工序的基本余量。生产中常采用查表法确定工序的基本余量。工序尺寸公差也可从有关手册中查得（或按所采用加工方法的经济精度确定）。按基本余量计算各工序尺寸，是由最后一道工序开始向前推算。对于轴类零件，前道工序的工序尺寸等于相邻后续工序的工序尺寸与基本余量之和。计算时应注意两点：对于某些毛坯（如热轧棒料）应按计算结果从材料的尺寸规格中选择一个相等或相近尺寸为毛坯尺寸。对于后一种情况，在毛坯尺寸确定后应重新修正粗加工（第一道工序）的工序余量；精加工工序余量应进行验算，以保证精加工余量不至于过大或过小。

【例1】加工铸铁件毛坯上一个直径为 $\Phi 100_0^{0.035}$ mm，表面粗糙度 $R_a < 1.25$ μm 的孔。孔加工的工艺路线：粗镗→半精镗→精镗→浮动铰。试用查表修正法确定孔的毛坯尺寸、各工序的工序尺寸及其公差。

【解】先从有关资料或手册查取各工序的基本余量及各工序的工序尺寸公差（见表 1-12）。公差带方向按入体原则确定。最后一道工序的加工精度应达到孔的设计要求。其工序尺寸为 $\Phi 100_0^{0.035}$ mm。其余各工序的工序基本尺寸为相邻后续工序的基本尺寸，减去该后续工序的基本余量。经过计算得各工序的工序尺寸如表 1-9 所示。

验算铰孔余量：

直径上最大余量（100.035 - 99.85）mm = 0.185 mm

直径上最小余量（100 - 99.904）mm = 0.096 mm

验算结果表明，铰孔余量是合适的。

表 1-9　$\Phi 100_0^{0.035}$ mm 孔的工序尺寸及公差（mm）

工序名	工序基本余量	工序尺寸公差	工序尺寸
浮动铰（IT7）	0.15	0.035	$\Phi 100_0^{0.035}$
精镗（IT8）	0.55	0.054	$\Phi 99.85_0^{0.054}$
半精镗（IT10）	2.30	0.14	$\Phi 99.3_0^{0.14}$
粗镗（IT13）	7.00	0.46	$\Phi 97_0^{0.046}$
毛坯孔	10.00	2.00	$\Phi 90 \pm 1.0$

二、工艺基准与设计基准不重合时工序尺寸及其公差的确定

（一）工艺尺寸链及其极值解法

在制定工艺规程时，根据加工的需要，在工艺附图或工艺规程中所给出的尺寸称为工艺尺寸。它可以是零件的设计尺寸，也可以是设计图上没有而检验时需要的测量尺寸或工

艺过程中的工序尺寸等。当工艺基准不重合时，工艺尺寸及其公差的大小常常要用工艺尺寸链进行计算。

1. 工艺尺寸链的概念

在零件的加工过程中，被加工表面以及各表面之间的尺寸都在不断的变化，这种变化无论是在一个工序内，还是在各序之间都有一定的内在联系。运用工艺尺寸链理论去揭示这些尺寸间的联系，是合理确定工序尺寸及其公差的基础，已成为编制工艺规程时确定工艺尺寸的重要手段之一。

如图 1-21a）所示，零件平面 1、2 已加工，要加工平面 3，平面 3 的位置尺寸 A_Σ 其设计基准为平面 2。为使夹具结构简单、工件定位可靠，选择平面 1 为定位基准。这就出现了设计基准与定位基准不重合的情况。

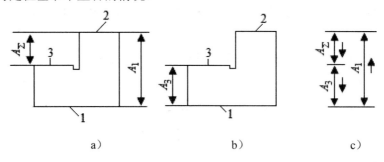

图 1-21　零件加工中的尺寸联系

a）零件图；b）工序图；c）工艺尺寸链图

在采用调整法加工时，工艺人员需要在工序图 1-21b）上标注工序尺寸 A_3，供对刀和检验时使用，以便直接控制工序尺寸 A_3，间接保证零件的设计尺寸 A_Σ。尺寸 A_1，A_Σ，A_3 首尾相连构成一封闭的尺寸组合。在机械制造中称这种互相联系且按一定顺序排列的封闭尺寸组合为尺寸链，如图 1-21c）所示。由有关工艺尺寸所组成的尺寸链称为工艺尺寸链。尺寸链的主要特征是封闭性，即组成尺寸链的有关尺寸按一定顺序首尾相连构成封闭图形，没有开口。

2. 工艺尺寸链的组成

组成工艺尺寸链的每一个尺寸称为工艺尺寸链的环。图 1-30c）所示尺寸链有三个环。

在加工过程中直接得到的尺寸称为组成环，用 A_i 表示，如图 1-21c）中的 A_1、A_3。

在加工过程中间接得到的尺寸称为封闭环，用 A_Σ 表示，如图 1-21c）所示。

由于工艺尺寸链是由一个封闭环和若干个组成环所组成的封闭图形，故尺寸链中组成环的尺寸变化必然引起封闭环的尺寸变化。当某组成环增大（其他组成环保持不变），封闭环也随之增大时，则该组成环称为增环。以 $\overrightarrow{A_i}$ 表示，如图 1-21 中的 A_1。当某组成环增大（其他组成环保持不变），封闭环反而减小，则该组成环称为减环，以 $\overleftarrow{A_i}$ 表示。如图 1-22c）

中的 A_3。为了迅速确定工艺尺寸链中各组成环的性质，可先在尺寸链图上平行于封闭环，沿任意方向画一箭头，然后沿着此箭头方向环绕工艺尺寸链，平行于每一个组成环依次画出箭头，箭头指向与环绕方向相同，如图 1-21c）所示。箭头指向与封闭环箭头指向相反的组成环为增环（如图中 A_1），相同的为减环（如图中 A_3）。

应着重指出：正确判断出尺寸链的封闭环是解工艺尺寸链最关键的一步。如果封闭环判断错了，整个工艺尺寸链的解算也就错了。所以在确定封闭环时，要根据零件的工艺方案紧紧抓住间接得到的尺寸这一要点。

3. 工艺尺寸链的计算

计算工艺尺寸链的目的是要求出工艺尺寸链中某些环的基本尺寸及其上、下偏差。计算方法有极值法（或称极大、极小法）和概率法两种。这里主要讲极值法。

（1）基本计算公式。用极值法解工艺尺寸链，是以尺寸链中各环的最大极限尺寸和最小极限尺寸为基础进行计算的。

表 1-10 列出了计算工艺尺寸链用到尺寸及偏差（或公差）符号。

表 1-10　工艺尺寸链的尺寸及偏差符号

环　名	符　号　名　称						
	基本尺寸	最大尺寸	最小尺寸	上偏差	下偏差	公差	平均尺寸
封闭环	A_Σ	$A_{\Sigma max}$	$A_{\Sigma min}$	ESA_Σ	EIA_Σ	T_Σ	$A_{\Sigma m}$
增　环	$\vec{A_i}$	$\vec{A}_{i\,max}$	$\vec{A}_{i\,min}$	$ES\vec{A}i$	$EI\vec{A}_i$	$\vec{T}_i$	$\vec{A}_{im}$
减　环	$\overleftarrow{A_i}$	$\overleftarrow{A}_{imax}$	$\overleftarrow{A}_{imin}$	E	$EI\overleftarrow{A}_i$	$\overleftarrow{T}_i$	$\overleftarrow{A}_{im}$

工艺尺寸链计算的基本公式如下：

$$A_\Sigma = \sum_{i=1}^{m}\vec{A_i} - \sum_{i=m+1}^{n}\overleftarrow{A_i} \tag{1-1}$$

$$A_{\Sigma max} = \sum_{i=1}^{m}\vec{A}_{i\,max} - \sum_{i=m+1}^{n}\overleftarrow{A}_{i\,min} \tag{1-2}$$

$$A_{\Sigma min} = \sum_{i=1}^{m}\vec{A}_{i\,min} - \sum_{i=m+1}^{n}\overleftarrow{A}_{i\,max} \tag{1-3}$$

$$ESA_\Sigma = \sum_{i=1}^{m}ES\vec{A}i - \sum_{i=m+1}^{n}EI\overleftarrow{A}i \tag{1-4}$$

$$EIA_{\Sigma} = \sum_{i=1}^{m} EI\overrightarrow{A_i} - \sum_{i=m+1}^{n} ES\overleftarrow{A_i} \qquad (1-5)$$

$$T_{\Sigma} = \sum_{i=1}^{n} T_i \qquad (1-6)$$

$$A_{\Sigma m} = \sum_{i=1}^{m} \overrightarrow{A_{im}} - \sum_{i=m+1}^{n} \overleftarrow{A_{im}} \qquad (1-7)$$

式中：A_{im} 为各组成环平均尺寸 $A_{im} = \dfrac{A_{i\,max} + A_{i\,min}}{2}$；$n$ 为不包括封闭环在内的尺寸链总环数；m 为增环的数目；

（2）正计算。已知各组成环的基本尺寸和公差（或偏差），求封闭环的基本尺寸和公差（或偏差）。这种情况在验证工序图上标注工艺尺寸及公差能否满足工件的设计尺寸要求时遇到。

（3）反计算。已知封闭环的基本尺寸和公差（或偏差），求组成环的基本尺寸和公差（或偏差）。反计算又有等公差法和等精度法两种解法。

① 等公差法。按照尺寸链中各组成环的公差都相等的原则来分配各组成环的公差。由于各组成环的公差之和等于封闭环的公差，根据式（1-6）可以求出各组成环的平均公差 T_{im} 为

$$T_{im} = \frac{T_{\Sigma}}{n}$$

用这种方法解尺寸链，计算比较简便，但没有考虑各组成环的尺寸大小和加工难易程度，都给出相等的公差值，这显然是不合理的。因此，在实际应用中常将计算所得的 T_{im} 按各组成环的尺寸大小和加工的难易程度进行适当的调整，使各组成环的公差都能较容易地达到，但调整后的各环公差之和仍应满足式（1-6）。

② 等精度法。按照尺寸链中各组成环公差等级相等的原则来分配各组成环的公差。因此，它克服了等公差法的缺点，从工艺上看较为合理，但计算比较麻烦。

（4）中间计算。已知封闭环和有关组成环的基本尺寸和公差（或偏差），求其一组成环的基本尺寸和公差（或偏差）。

（二）用尺寸链计算工艺尺寸

1. 定位基准与设计基准不重合的尺寸换算

【例 2】如图 1-22a）所示零件，各平面及槽均已加工，求以侧面 K 定位钻 $\Phi 10$ mm 孔的工序尺寸 A 及其偏差。

【解】由于孔的设计基准为槽的中心线，钻孔的定位基准 K 与设计基准不重合，工序

尺寸及其偏差应按工艺尺寸链进行计算。步骤如下：

（1）确定封闭环。在零件加工过程中直接控制的是工序尺寸（40±0.05）mm 和 A，孔的位置尺寸（100±0.2）mm 是间接得到的，故尺寸（100±0.2）mm 为封闭环。

（2）绘出工艺尺寸链图。自封闭环两端出发，把图中相互联系的尺寸首尾相连即得工艺尺寸链，如图 1-22a）所示。

（3）判断组成环的性质。从封闭环开始，按顺时针环绕尺寸链图，平行于各尺寸画出箭头，如图 1-22b）所示，尺寸 A 的箭头方向与封闭环相反为增环，尺寸 40 mm 为减环。

计算工序尺寸 A 及其上、下偏差：

A 的基本尺寸　根据式（1-1）可得：

$100\ mm = A - 40\ mm$，$A = 140\ mm$

根据式（1-4）、（1-5）计算 A 的上、下偏差：

$0.2\ mm = ESA - (-0.05)\ mm$

$ESA = 0.15\ mm$

$-0.2\ mm = EIA - 0.05\ mm$

$EIA = -0.15\ mm$

验算，根据式（1-6）得：

$[0.2 - (-0.2)]\ mm = [0.05 - (-0.05)]\ mm + [0.15 - (-0.15)]$

$0.4\ mm = 0.4\ mm$

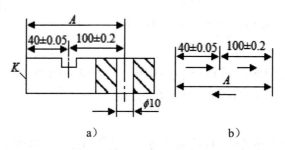

图 1-22　定位基准与设计基准不重合的尺寸换算

a）零件图；b）工艺尺寸链简图

各组成环公差之和等于封闭环的公差，计算无误。故以侧面（K）定位钻孔 Φ10 mm 的工序尺寸为（140±0.15）mm。可以看出本工序尺寸公差 0.3 mm 比设计尺寸（100±0.2）mm 的公差小 0.1 mm，工序尺寸精度提高了。本工序尺寸公差减小的数值等于定位基准与设计基准之间距离尺寸的公差（±0.05）mm，它是本工序的基准不重合误差。

2. 量基准与设计基准不重合时的尺寸换算

【例3】如图 1-23a 所示轴承环的设计尺寸为 $10_{-0.25}^{0}$ mm、$50_{-0.1}^{0}$ mm 在加工内孔端面 C 时，尺寸 $50_{-0.1}^{0}$ mm，不便于直接测量，需要另选测量基准。为此，应先以加工好的 B 面

定位车端面 A，保证设计尺寸 $10^{0}_{-0.25}$ mm（A_1），然后车内孔及端面 C，以 A 面为测量基准，直接控制尺寸 A_2，间接保证设计尺寸 $50^{0}_{-0.1}$ mm。这样，尺寸 $10^{0}_{-0.25}$ mm（A_1）、$50^{0}_{-0.1}$ mm 及 A_2 组成工艺尺寸链如图 1-23b）所示。$50^{0}_{-0.1}$ mm 为封闭环，A_2 为增环，$10^{0}_{-0.25}$ mm 为减环。

【解】 由于封闭环的公差 0.1 mm 小于组成环 $10^{0}_{-0.25}$ mm 的公差，不满足 $T_{\Sigma} = \sum\limits_{i=1}^{n} T_i$。显然无法正确求得组成环的 A_2 偏差。在封闭环公差小于组成环公差之和的情况下，应根据工艺实施的可能性，考虑采用压缩组成环公差或改变工艺方案的办法予以解决。

先考虑调整组成环公差。按等公差法重新分配各组成环的公差，以满足 $T_{\Sigma} = \sum\limits_{i=1}^{n} T_i$。各组成环的平均公差为

$$T_{im} = \frac{T_{\Sigma}}{n} = \frac{0.1}{2}\,\text{mm} = 0.05\ \text{mm}$$

再根据加工难易程度调整组成环公差的大小。由于车外端面 A 比车内端面容易，也便于测量，取公差 $T_1 = 0.036$ mm（IT9），经调整后车端面 A 的工序尺寸为 $10^{0}_{-0.036}$ mm。

按工艺尺寸链计算车端面 C 的工序尺寸 A_2 及其偏差。

由式（1-1）得：$50\ \text{mm} = A_2 - 10\ \text{mm}$，$A_2 = 60\ \text{mm}$

由式（1-4）得：$0 = ESA_2 - (-0.036)\ \text{mm}$

$$ESA_2 = -0.036\,\text{mm}$$

由式（1-5）得：$-0.1\ \text{mm} = -EIA_2 - 0$，$EIA_2 = -0.1\ \text{mm}$

校核计算结果

$$T_2 = ESA_2 - EIA_2 = [-0.036 - (-0.1)]\ \text{mm} = 0.064\ \text{mm}$$

$$T_1 + T_2 = (0.036 + 0.064)\ \text{mm} = 0.1\ \text{mm} = T_{\Sigma}$$

故计算无误。

车内孔端面 C 的工序尺寸 A_2 及偏差为 $60^{-0.036}_{-0.1}$ mm。可以看出两个工序尺寸的公差（$T_1 = 0.036$ mm，$T_2 = 0.064$ mm）都比较小，特别在生产批量较大时应考虑是否会影响生产率。故采用压缩组成环公差的办法只能有选择的使用。

对图 1-23a）所示轴承环还可以采用改变工艺方案的办法使 $T_{\Sigma} \geq \sum\limits_{i=1}^{n} T_i$。既不压缩组成环的公差也能加工出满足设计要求的零件。

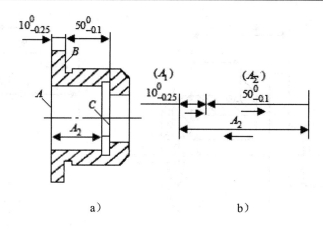

a)   b)

图 1-23 轴承环的工艺尺寸计算

a）轴承环；b）加工端面 C 的工艺尺寸链

本例可将加工顺序改为：先以 B 面定位车端面 A（车平即可）及内孔和端面 C，保证工序尺寸 $A_2 = 60^{-0.1}_{-0.25}$ mm（A、C 面的距离尺寸计算见后）；在心轴上以工件的 C 面定位车 B 面，如图 1-24a）所示。用专用量规直接控制尺寸 b，间接保证设计尺寸 $50^{0}_{-0.1}$ mm。按这个工艺方案加工需要解决两个问题：其一是专用量规工作尺寸（b_{max}、b_{min}）的确定；其二是确定车内孔端面 C 的工序尺寸及其偏差。

专用量规的工作尺寸可按图 1-24b）所示工艺尺寸链计算，其结果为：$b_{max} = 30.08$ mm、$b_{min} = 30$ mm。

车端面 C 的工序尺寸及其偏差，可根据改变了的工艺方案，由 $80^{0}_{-0.02}$ mm、$30^{+0.08}_{0}$ mm、$10^{0}_{-0.25}$ mm 和 A'_2 四个尺寸组成工艺尺寸链，如图 1-24c）所示。由于最后车削 B 端面时用量规直接控制尺寸 b（$30^{+0.08}_{0}$ mm），间接得到台肩厚度尺寸 $10^{0}_{-0.25}$ mm，故台肩厚度尺寸为封闭环。$30^{+0.08}_{0}$ mm、A'_2 为增环，$80^{0}_{-0.02}$ mm 为减环。

由式（1-1）得：10 mm $= A'_2 + 30$ mm $- 80$ mm， $A'_2 = 60$ mm

由式（1-4）得：$0 = ESA'_2 + 0.08$ mm $-（-0.02）$ mm

$ESA'_2 = -0.1$ mm

由式（1-5）得：-0.25 mm $= EIA'_2 + 0 - 0$

$EIA'_2 = -0.25$ mm

改变加工工艺方案后，车内孔端面 C 的工序尺寸 $A'_2 = 60^{-0.1}_{-0.25}$ mm，比前一个方案的工序尺寸（$A'_2 = 60^{-0.036}_{-0.1}$ mm）公差增大了许多，故在大批量生产中，采用后一种工艺方案是合理的。由此可知，在某些情况下可通过改变工艺方案，把原来公差较大的尺寸变成封闭环，使加工容易。这个例子说明，不同的工艺方案其工艺尺寸链的构成也不相同。

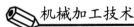

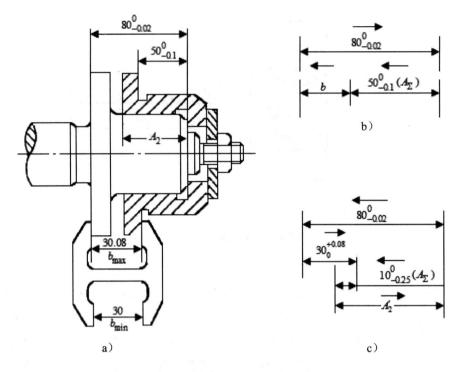

图 1-24 轴承环加工简图

a）轴承环加工测量图；b）换算量规工作尺寸的工艺尺寸链简图；

c）车内孔加工端面 C 的工艺尺寸链简图

3. 序基准是尚待继续加工的表面时的尺寸计算

在某些加工中，会出现要用尚待继续加工的表面为基准标注工序尺寸。该工序尺寸及其偏差也要通过工艺尺寸计算来确定。

【例 4】加工图 1-25a）所示带键槽的内孔，其加工顺序为：精镗内孔至尺寸 $\Phi 84.8^{+0.07}_{0}$ mm →加工（插或拉）键槽至尺寸 A_1 →淬火→磨内孔至尺寸 $\Phi 85^{+0.035}_{0}$ mm。磨内孔后应保证键槽的设计尺寸 $92.2^{+0.23}_{0}$ mm，求加工键槽的工序尺寸 A_1。

【解】由上述工艺可以看出，尺寸 A_1 的工序基准是一个尚待继续加工的表面，在加工过程中键槽尺寸 A_1、镗孔尺寸 $\Phi 84.8^{+0.07}_{0}$ mm 和磨孔尺寸 $\Phi 85^{+0.035}_{0}$ mm 是直接控制的尺寸。在磨孔后键槽的设计尺寸 $92.2^{+0.23}_{0}$ mm 是间接得到的。加工键槽和孔的工艺尺寸链如图 1-25b）所示。其中镗孔半径 $42.4^{+0.035}_{0}$ mm、磨孔半径 $42.5^{+0.0175}_{0}$ mm 以及加工键槽的工序尺寸 A_1 是尺寸链的组成环，而键槽的设计尺寸 $92.2^{+0.23}_{0}$ mm 是封闭环。

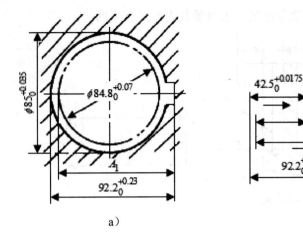

a)　　　　　　　　　　　　　　b)

图 1-25　加工键槽和孔的尺寸换算

a）带键槽的内孔；b）键槽孔尺寸链

键槽的工序尺寸 A_1 及其偏差计算如下：

按式（1-1）得：$92.2\ \text{mm} = A_1 + 42.5\ \text{mm} - 42.4\ \text{mm}$

$$A_1 = 92.1\ \text{mm}$$

按式（1-4）得：$0.2\ 3\text{mm} = ESA_1 + 0.0175\ \text{mm} - 0$

$$ESA_1 = 0.213\ \text{mm}$$

按式（1-5）得：$0 = EIA_1 + 0 - 0.035\text{mm}$

$$EIA_1 = 0.035\ \text{mm}$$

加工键槽的工序尺寸 A_1 为 $92.1^{+0.213}_{+0.035}$ mm。

4．量校核

由于工序余量是变化的，其变化范围等于本道工序和上道工序的工序尺寸公差之和。在工序尺寸及其公差确定后，为了防止加工余量过大或过小，应对重要工序的加工余量进行校核。

如图 1-26a）所示，零件端面加工顺序为：以 E 面定位车 K 面（保证工序尺寸 $60.8^{\ 0}_{-0.1}$ mm）→以 K 面定位半精车 E 面，保证工序尺寸 $60.3^{\ 0}_{-0.1}$ mm（加工余量为 Z_1）→以 K 面为基准精车端面 E 至尺寸 $60^{\ 0}_{-0.05}$ mm（加工余量为 Z_2）。试校核车端面 E 的工序余量 Z_1、Z_2。

在图 1-26b）中，尺寸 $60.8^{\ 0}_{-0.1}$ mm、$60.3^{\ 0}_{-0.1}$ mm 和余量 Z_1，尺寸 $60.3^{\ 0}_{-0.1}$ mm、$60^{\ 0}_{-0.05}$ mm 和余量 Z_2 各自组成一个工艺尺寸链。在包含工序余量的工艺尺寸链中，一般工序尺寸是直接获得的，是尺寸链的组成环，加工余量是间接保证的，Z_1 和 Z_2 分别是两个工艺尺寸链的封闭环。应用工艺尺寸链基本计算公式，可以求得 $Z_1 = (0.5 \pm 0.1)$ mm，$Z_2 = 0.3^{+0.05}_{-0.1}$ mm，即半精车端面 E 的加工余量 $Z_2 = (0.4 \sim 0.6)$ mm，而精车端面 E 的加工余量

$Z_2 =$（0.2～0.35）mm。两次车削的加工余量其大小是合适的。

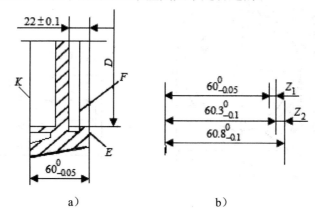

图 1-26 端面加工余量的校核

a）零件图；b）端面加工余量尺寸链

以上所讨论的工艺尺寸链，各环都是直线尺寸，且相互平行，称为直线尺寸链。

5．跟踪法解工艺尺寸链

前面所讲述的工艺尺寸链解法是分析计算方法。对于比较简单的尺寸链，能够迅速地得到所要求的计算结果。但对某些工件，由于工序尺寸较多，加工中工艺基准又需多次转换时，组成尺寸链的各环有时不易分清，不能迅速找出尺寸链。如果采用跟踪法就能够直观、简便地找出工艺尺寸链，求取计算结果。

图 1-27a）所示零件的工艺路线为：以外圆和端面 D 定位，加工端面 A 和内孔（保证尺寸 A_1 和 A_2）→以内孔和端面 A 定位加工外圆和端面 D、B（保证工序尺寸 A_3 和 A_4）→以端面 A 定位磨削端面 D。直接保证尺寸 $A_5 = 50^{0}_{-0.5}$ mm，间接保证尺寸 $A_6 = 40^{0}_{-0.5}$ mm。

上述工艺中各工序的基本余量一般都是按余量手册（或按经验）预先确定。图示工件的工序基本余量（与计算无关的末给出）$Z_3 = 1.2$ mm；$Z_5 = 0.6$ mm。各工序的工序尺寸公差按完成各工序的加工要求分成两种情况：如果完成某工序后，被加工表面的尺寸应达到零件的设计要求，则工序尺寸及其公差取为零件相应的设计尺寸及公差；如果所进行的是中间工序，则工序尺寸公差可查余量手册或按工序的加工经济精度确定。由于尺寸 A_6 不仅与 A_5 的精度有关，而且还受其他先行工序的工序尺寸公差影响，所以应建立以 A_6 为封闭环的尺寸链，验算（或计算）有关工序尺寸的公差。

用跟踪法解工艺尺寸链的步骤如下：

（1）绘制跟踪图，如图 1-27a）所示。画出工件外形轮廓。当工件为对称形状时，可以只画它的一半。注出被加工表面的粗糙度，标出与计算有关的尺寸。为便于计算，将各尺寸用平均尺寸和对称偏差表示（括号内为零件的平均尺寸及偏差）。

在尺寸的计算方向上的水平方向自各表面向下引线，在工件外形轮廓简图的下方，按工序及工序内工步的先后顺序，分别标出各工序的工序尺寸及工序余量。

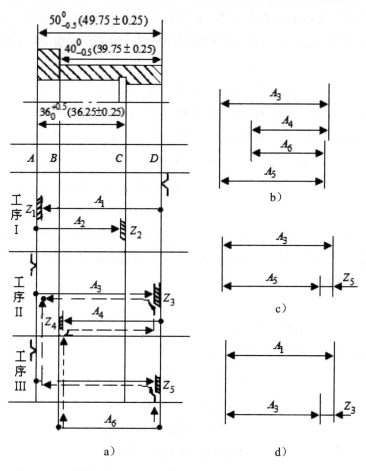

图 1-28　用跟踪法解工艺尺寸链

跟踪图上所用符号的含义见表 1-17。

表 1-17　跟踪图上所用符号的含义

符　号	含　义	符　号	含　义
●→	工序尺寸 "●" 表示工序尺寸的测量基准。箭头所指为被加工表面	>	基准符号（尖角所指为定位基准
▨	切去的余量	●—●	封闭环尺寸

（2）用跟踪法找出尺寸链的组成环。从封闭环尺寸 A_6 的两端同时开始，沿着垂直引

线向上跟踪。当跟踪线（图中虚线）遇到尺寸的箭头时就转向水平方向，沿工序尺寸跟踪至尺寸的测量基准，再向上沿垂直引线继续跟踪到两条跟踪线相会在同一垂直引线为止。

当两条跟踪线相会后，它与封闭环形成封闭折线，沿着跟踪线的工序尺寸，即为尺寸链的组成环。

封闭环 A_6 的组成环为 A_5、A_4、A_3，如图 1-27b）所示。

当需要进行加工余量校核时，可以余量为封闭环，自余量两侧开始，用同样的方法找出相应的尺寸链，如图 1-27c）和图 1-27d）所示。

（3）确定中间工序的工序尺寸及公差。图 1-27）中工序尺寸 A_3、A_4、A_5（$=49.75\pm0.25$ mm）是封闭环 A_6（$=39.75\pm0.25$ mm）的组成环，它们的公差大小应满足：

$$T_6=T_3+T_4+T_5$$

由于 $T_5=T_6=0.5$ mm，所以 $T_3+T_4=0$，这显然是不合理的，应对组成环的公差进行调整。考虑到各工序的加工经济精度，参考有关余量手册，取 $T_3=0.24$ mm，$T_4=0.16$ mm，$T_5=0.1$ mm，并取 A_1 的公差 $T_1=0.39$ mm。

校核：

$$T_3+T_4+T_5=（0.24+0.16+0.1）\text{mm}=0.5 \text{ mm}=T_6$$

上述工序尺寸公差经调整后是可行的。

根据图 1-27b）、1-27c）和 1-27d）可以计算零件各中间工序的工序尺寸：

$$A_{1m}=A_{3m}+Z_{3m}$$

$$A_{3m}=A_{5m}+Z_{5m}$$

$$A_{4m}=A_{6m}+A_{3m}-A_{5m}$$

A_{1m}、…、A_{6m} 是各工序的平均工序尺寸，Z_{3m}、Z_{5m} 是车和磨端面 D 的平均余量。加工表面在不同工序中的平均余量 Z_{im} 可按下式计算：

$$Z_{im}=（Z_{imax}+Z_{imin}）/2=〔（Z_i+T_i）+（Z_i-T_{i-1}）〕/2$$

由于本例中各工序的基本余量和工序尺寸公差已确定，经计算得 $Z_{3m}=1.125$ mm，$Z_{5m}=0.53$ mm。最后求得中间工序的平均工序尺寸：

$$A_{3m}=（49.75+0.53）\text{mm}=50.28 \text{ mm}$$

$$A_{1m}=（50.28+1.125）\text{mm}=51.405 \text{ mm}$$

$$A_{4m}=（39.75+50.28-49.75）\text{mm}=40.28 \text{ mm}$$

将这些尺寸的公差 T_3、T_1、T_4 按入体原则标注，则得：

$$A_1=51.6_{-0.39}^{0}\text{mm}$$

$$A_3=50.4_{-0.24}^{0}\text{mm}$$

$$A_4=40.36_{-0.16}^{0}\text{mm}$$

第六节　机械加工质量分析

机械零件的制造精度主要体现在机械零件的精度和相关部位的配合精度。零件的机械加工质量包括零件的机械加工精度和加工表面质量两大方面。

一、机械加工精度

机械加工精度是指零件加工后的实际几何参数与理想（设计）几何参数的符合程度。其符合程度越高，加工精度就越高。在机械加工过程中，往往由于各种因素的影响，使得加工出的零件不可能与理想（设计）的要求完全一致。

零件的加工精度包含三方面：尺寸精度、形状精度和位置精度。这三者之间是有联系的。通常形状公差应限制在位置公差之内，而位置公差一般也应限制在尺寸公差之内。当尺寸精度要求较高时，相应的位置精度、形状精度也提高要求；但当形状精度要求高时，相应的位置精度和尺寸精度有时不一定要求高，这要根据零件的功能要求来决定。

一般情况下，零件的加工精度越高加工成本就越高，生产效率就越低，因此设计人员应根据零件的使用要求，合理地规定零件的加工精度。

在机械加工中，零件的尺寸、几何形状和表面间相对位置的形成，取决于工件和刀具在切削运动过程中相互位置的关系，而工件和刀具又安装在夹具和机床上，并受到夹具和机床的约束。在机械加工时，机床、夹具、刀具和工件构成了一个完整的系统，称之为工艺系统，加工精度问题也就牵涉到整个工艺系统的精度问题。工艺系统中的种种误差，在不同的具体条件下，以不同的程度和方式反映为加工误差。工艺系统的误差是"因"，加工误差是"果"。因此，把工艺系统的误差称之为原始误差。

（一）影响模具精度的主要因素

影响模具精度的主要因素有以下几方面：

（1）制件的精度。产品制件的精度越高，模具工作零件的精度就要越高。模具精度的高低不仅对产品制件的精度有直接影响，而且对模具的生产周期、生产成本以及使用寿命都有很大的影响。

（2）模具加工技术手段的水平。模具加工设备的加工精度和自动化程度是保证模具精度的基本条件，今后模具精度将更大地依赖于模具加工技术手段水平的高低。

（3）模具装配钳工的技术水平。模具的最终精度在很大程度上依赖于装配调试，模具光整表面的表面粗糙度大小也主要依赖于模具钳工的技术水平，因此模具钳工的技术水平是影响模具精度的重要因素。

（4）模具制造的生产方式和管理水平。在模具的设计和生产中，模具工作刃口尺寸是采用"实配法",还是"分别制造法"加工,是影响模具精度的重要方面,对于高精度模具,只有采用"分别制造法"才能满足高精度的要求,实现互换性生产。

(二)影响零件制造精度的因素

影响零件制造精度的因素主要有以下几方面。

1. 工艺系统的几何误差对加工精度的影响

工艺系统的几何误差对加工精度的影响主要有以下几方面:

(1)加工原理误差。加工原理误差是指采用了近似的成形运动或近似的刀刃轮廓进行加工而产生的误差。

在三坐标数控铣床上铣削复杂形面零件时,通常要用球头刀并采用"行切法"加工。所谓行切法,就是球头刀与零件轮廓的切点轨迹是一行一行的,而行间的距离 S 是按零件的加工要求确定的。这种方法实质上是将空间立体形面视为众多的平面截线的集合,每次走刀加工出其中的一条截线。每两次走刀之间的行间距,可以按下式确定:

$$S = \sqrt{8Rh}$$

式中:R 为球头刀半径;h 允许的表面不平度。

由于数控铣床一般只具有直线和圆弧插补功能(少数数控机床具备抛物线和螺旋线插补功能),所以即便是加工一条平面曲线,也必须用许多很短的折线段或圆弧去逼近它。当刀具连续地将这些小线段加工出来,也就得到了所需的曲线形状。逼近的精度可由每根线段的长度来控制。因此,在曲线或曲面的数控加工中,刀具的运动相对于工件的成形运动是近似的。

又如滚齿用的齿轮滚刀有两种误差:一是为了制造方便,采用阿基米德蜗杆或法向直廓蜗杆代替渐开线基本蜗杆而产生的刀刃齿廓形误差;二是由于滚刀刀齿有限,实际上加工出的齿形是一条由微小折线段组成的曲线,和理论上的光滑渐开线有差异,从而产生加工原理误差。

采用近似的成形运动或近似的刀刃轮廓,虽然会带来加工原理误差,但往往可简化机床结构或刀具形状,提高生产效率,且能得到满足要求的加工精度。因此,只要这种方法产生的误差不超过规定的精度要求,在生产中仍能得到广泛的应用。

(2)调整误差。在机械加工的每一道工序中,总要对工艺系统进行各种调整工作。由于调整不可能绝对地准确,因而会产生调整误差。

工艺系统的调整有试切法和调整法两种基本方式,不同的调整方式有不同的误差来源。

① 试切法。加工时先在工件上试切,根据测得的尺寸与要求尺寸的差值,用进给机构调整刀具与工件的相对位置,然后再进行试切、测量、调整,直至符合规定的尺寸要求时再正式切削出整个待加工表面。采用试切法时引起调整误差的因素有测量误差、机床进给机构的位移误差、试切与正式切削时切削层厚度变化等。模具生产中普遍采用试切法

加工。

② 调整法。在成批、大量的生产中，广泛采用试切法预先调整好刀具与工件的相对位置，并在一批零件的加工过程中保持这种相对位置不变，来获得所要求的零件尺寸。与采用样件（或样板）调整相比，采用试切调整比较符合实际加工情况，可得到较高的加工精度，但调整较费时。因此实际使用时可先根据样件（或样板）进行初调，然后试切若干工件，再据之做精确微调。这样既缩短了调整时间，又可得到较高的加工精度。

（3）机床误差。引起机床误差的原因是机床的制造误差、安装误差和磨损。机床误差的项目很多，但对工件加工精度影响较大的主要有以下几个：

① 机床导轨导向误差。导轨导向精度是指机床导轨副的运动件实际运动方向与理想运动方向的符合程度，这两者之间的偏差值称为导向误差。导轨是机床中确定主要部件相对位置的基准，也是运动的基准，它的各项误差直接影响被加工工件的精度。它主要包括导轨在水平面内的直线度误差、导轨在垂直平面内的直线度误差、两导轨在垂直方向上的平行度误差。

② 机床主轴的回转误差。机床主轴是用来装夹工件或刀具，并传递主要切削运动的重要零件。它的回转精度是机床精度的一项很重要的指标，主要影响零件加工表面的几何形状精度、位置精度和表面粗糙度。

必须指出，实际上主轴工作时其回转轴线的漂移运动总是几种误差运动的合成，故不同横截面内轴心的误差运动轨迹既不相同，又不相似，既影响所加工工件圆柱面的形状精度，又影响端面的形状精度。

（4）夹具的制造误差与磨损。夹具的误差主要有：①定位元件、导向元件、分度机构、夹具体等的制造误差；②夹具装配后，以上各种元件工作面间的相对尺寸误差；③夹具在使用过程中工作表面的磨损。

夹具误差将直接影响工件加工表面的位置精度或（和）尺寸精度。一般来说，夹具误差对加工表面的位置误差影响最大。在设计夹具时，凡影响工件精度的尺寸应严格控制其制造误差，精加工用夹具一般可取工件上相应尺寸或位置公差的 1/2～1/3，粗加工用夹具则可取为 1/5～1/10。

（5）刀具的制造误差与磨损。刀具的制造误差对加工精度的影响，因刀具的种类、材料等的不同而异。

① 采用定尺寸刀具（如钻头、铰刀、键槽铣刀、镗刀块及圆拉刀等）加工时，刀具的尺寸精度直接影响工件的尺寸精度；

② 采用成形刀具（如成形车刀、成形铣刀及成形砂轮等）加工时，刀具的形状精度将直接影响工件的形状精度；

③ 展成刀（如齿轮滚刀、花键滚刀及插齿刀等）的刀刃形状必须是加工表面的共轭曲线，因此刀刃的形状误差会影响加工表面的形状精度；

④ 对于一般刀具（如车刀、铣刀、镗刀），其制造精度对加工精度无直接影响。

任何工具在切削过程中都不可避免地要产生磨损，并由此引起工件尺寸和形状误差。刀具的尺寸磨损是指刀刃在加工表面的法线方向（误差敏感方向）上的磨损量，它直接反映出刀具磨损对加工精度的影响。

2. 工艺系统受力变形引起的加工误差

切削加工时，由机床、刀具、夹具和工件组成的工艺系统，在切削力、夹紧力以及重力等的作用下，将产生相应的变形，使刀具和工件在静态下调整好的相互位置，以及切削成形运动所需要的几何关系发生变化，从而造成加工误差。

工艺系统的受力变形是加工中一项很重要的原始误差来源，事实上，它不仅严重地影响工件的加工精度，而且还影响加工表面质量，限制加工生产率的提高。

工艺系统的受力变形通常是弹性变形。一般来说，工艺系统抵抗弹性变形的能力越强，则加工精度越高。工艺系统抵抗变形的能力，用刚度 K 来描述。所谓工艺系统刚度，是指工件加工表面切削力的法向分力 F_y，与刀具相对工件在该方向上非进给位移 y 的比值，即

$$K=\frac{F_y}{y}$$

必须指出，在上述刚度（N/mm）定义中，工件和刀具在 y 方向产生的相对位移 y 不只是 F_y 作用的结果，而是 F_x、F_y、F_z 同时作用下的综合结果。

（1）系统刚度对加工精度的影响。系统刚度对加工精度的影响主要有以下几方面：

① 切削力作用点位置变化引起的工件形状误差。切削过程中，工艺系统的刚度会随切削力作用点位置的变化而变化，这使得工艺系统的受力变形亦随之变化，引起工件的形状误差。

② 切削力大小变化引起的加工误差。例如，在车床上加工短轴，这时如果毛坯形状误差较大或材料硬度很不均匀，工件加工时切削力的大小就会有较大变化，工艺系统的变形也会随之变化，因而引起工件的加工误差。

由分析可知，当工件毛坯有形状误差（如圆度、圆柱度、直线度等）或相互位置误差（如偏心、径向圆跳动等）时，加工后仍然会有同类的加工误差出现。在成批大量生产中用调整法加工一批工件时，如毛坯的尺寸不一，那么加工后这批工件仍有尺寸不一的误差，这种现象叫做"误差复映"。如果一批毛坯材料的硬度不均匀且差别很大，就会使工件的尺寸分散范围扩大，甚至超差。

③ 夹紧力和重力引起的加工误差。工件在装夹时，由于工件刚度较低或夹力点不当，会使工件产生相应的变形，造成加工误差。

④ 传动力和惯性力对加工精度的影响。其影响主要包括传动力的影响和机床传动力对加工精度的影响，主要取决于传动件作用于被传动件上的力学状况。当存在使工件及定

位件产生变形的力时，刀具相对于工件发生误差位移，从而引起加工误差；当没有使工件及定位件产生变形的力时，传动力对加工精度就没有影响；惯性力的影响，高速切削时，如果工艺系统中有不平衡的高速旋转构件存在，就会产生离心力，它和传动力一样，在工件的每一转中不断变更方向，引起工件几何轴线作摆角运动。从理论上讲惯性力造成工件的圆度误差，但要注意的是当不平衡质量的离心力大于切削力时，机床主轴轴颈和轴套内孔表面的接触点就会不停地变化，轴套孔的圆度误差将传给工件的回转轴心。此外，周期变化的惯性力还常常引起工艺系统的强迫振动。

机械加工中惯性力对加工精度产生的影响，可采用"对重平衡"的方法来消除其影响，即在不平衡质量的反向加装重块，使两者的离心力相互抵消。必要时亦可适当降低转速，以减少离心力的影响。

（2）减小工艺系统受力变形对加工精度影响的措施。减小工艺系统的受力变形是保证加工精度的有效途径之一。在生产实际中，常从两个主要方面采取措施来解决工艺系统受力变形的问题：一是提高系统的刚度；二是减小载荷及其变化。

① 提高工艺系统的刚度可采用如下方法：

➤ 合理的结构设计。在设计工艺装备时，应尽量减少连接件的数目，并注意刚度的匹配，防止有局部低刚度环节出现。

➤ 提高连接表面的接触刚度。由于部件的接触刚度大大低于实体零件本身的刚度，所以提高接触刚度是提高工艺系统刚度的关键。特别是机床设备，提高其连接表面的接触刚度，往往是提高其刚度的最简便、最有效的方法。

➤ 采用合理的装夹和加工方式。如加工细长轴时采用反向进给（从主轴箱向尾座方向进给），使工件从原来的轴向受压变为轴向受拉，可提高工件的刚度。此外，增加辅助支承也是提高工件刚度的常用方法。加工细长轴时采用中心架或跟刀架就是一个很典型的例子。

② 减小载荷及其变化。采取适当的工艺措施，如合理选择刀具的几何参数（如增大前角、让主偏角接近 90° 等）和切削用量（如适当减少进给量和切削深度），以减小切削力（特别是 F_y），就可以减少受力变形。将毛坯分组，使一次调整中加工的毛坯余量比较均匀，就能减小切削力的变化，减小复映误差。

减少工件残余应力引起的变形。残余应力也是内应力，是指在没有外力作用下或去除外力后工件内存留的应力。具有残余应力的零件处于一种不稳定的状态，它内部的组织有强烈的倾向要恢复到稳定的没有应力的状态。即使在常温下，零件也会不断地缓慢进行这种变化直到残余应力完全松弛为止。在这一过程中，零件将会翘曲变形，原有的加工精度会逐渐消失。

残余应力是由于金属内部相邻组织发生了不均匀的体积变化而产生的。促成这种变化的因素主要来自冷加工、热加工。要减少残余应力，一般可采取下列措施：

> 增加消除内应力的热处理工序。如对铸、锻、焊接件进行退火或回火；零件淬火后进行回火；对精度较高的零件，如床身、丝杠、箱体、精密主轴等，在粗加工后进行时效处理。

> 合理安排工艺过程。如粗加工、精加工不在同一工序中进行，使粗加工后有一定时间让残余应力重新分布，以减少对精加工的影响。

> 改善零件结构。提高零件的刚性，使壁厚均匀等，均可减少残余应力的产生。

3. 工艺系统的热变形对加工精度的影响

在机械加工过程中，工艺系统会受到各种热的影响而产生温度变形，一般也称为热变形。这种变形将破坏刀具与工件的正确几何关系和运动关系，造成工件的加工误差。另外工艺系统的热变形还影响加工效率。为减少受热变形对加工精度的影响，通常需要预热机床以获得热平衡，降低切削用量以减少切削热和摩擦热，粗加工后停机以待热量散发后再进行精加工，或增加工序（使粗加工和精加工分开）等等。

工艺系统在各种热源作用下，温度会逐渐升高，同时它们也通过各种传热方式向周围的介质散发热量。当工件、刀具和机床的温度达到某一数值时，单位时间内散出的热量与热源传入的热量趋于相等，这时工艺系统就达到了热平衡状态，在热平衡状态下，工艺系统各部分的温度保持在相对固定的数值上，因而各部分的热变形也就相应地趋于稳定。

由于作用于工艺系统各组成部分的热源，其发热量、位置和作用时间各不相同，各部分的热容量、散热条件也不一样，因此，工艺系统各部分的温度是不相同的。即使是同一物体，处于不同空间位置上的各点在不同时间的温度也是不等的。物体中各点温度的分布称为温度场。当物体未达到热平衡时，各点温度不仅是该点位置的函数，也是时间的函数，这种温度场称为不稳态温度场。物体达到热平衡后，各点温度将不再随时间变化，而只是该点位置坐标的函数，这种温度场则称为稳态温度场。

（1）工件热变形对加工精度的影响。在工艺系统的热变形中，机床的热变形最为复杂，工件及刀具的热变形相对要简单一些，这主要是因为在加工过程中，影响机床热变形的热源较多，也较复杂，而对工件和刀具，热源则比较简单。因此，工件和刀具的热变形常可用解析法进行估算和分析。

（2）刀具热变形对加工精度的影响。刀具的热变形主要是由切削热引起的。通常传入刀具的热量并不太多，但由于刀体小，热容量小，并且热量集中在切削部分，故刀具仍会有很高的温升。如车削时，高速钢车刀的工作表面温度可达 700～800 ℃，硬质合金刀刃的温度可高于 1 000 ℃。

连续切削时，刀具的热变形在切削初始阶段增加很快，随后变得较缓慢，经过不长的一段时间（约 10～20 min）后便趋于热平衡状态。此后，热变形的变化量非常小。刀具总的热变形量可达 0.03～0.05 mm（与伸出部分长度成正比）。

间断切削时，由于刀具有短暂的冷却时间，故其热变形曲线具有热胀冷缩双重特性，且总的变形量比连续切削时要小一些，变形量最后稳定在一定范围内。

当切削停止后，刀具温度迅速下降，开始冷却得较快，以后逐渐减慢。

加工大型零件时，刀具的热变形往往造成几何形状误差。如车长轴时，可能由于刀具的热伸长而产生锥度。

为了减小刀具的热变形，应合理选择切削用量和刀具几何参数，并给予刀具充分的冷却和润滑以减少切削热，降低切削温度。

（3）机床热变形对加工精度的影响。机床在工作过程中受到内外热源的影响，各部分的温度将逐渐升高。由于各部件的热源不同，分布不均匀，以及机床结构的复杂性，导致各部件的温升不同，而且同一部件不同位置的温升也不尽相同，进而形成不均匀的温度场，使机床各部件之间的相互位置发生变化，破坏了机床原有的几何精度而造成加工误差。

机床空运转时，各运动部件产生的摩擦热基本不变。运转一段时间之后，各部件传入的热量和散失的热量基本相等，即达到热平衡状态，变形趋于稳定，机床达到热平衡状态时的几何精度称为热态几何精度，在机床达到热平衡状态之前，机床的几何精度变化不定，对加工精度的影响也变化不定。因此，精密加工应在机床处于热平衡之后进行。

（三）提高加工精度的途径

机械加工误差是由工艺系统中的原始误差引起的。在对某一特定条件下的加工误差进行分析时，首先要列举出其原始误差，即要了解所有原始误差因素及对每一原始误差的数值和方向定量化。其次要研究原始误差与零件加工误差之间的数据转换关系。最后，用各种测量手段实测出零件的误差值，进而采取一定的工艺措施消除或减少加工误差。

生产实际中有许多减少误差的方法和措施，从消除或减少误差的技术角度考虑，可将措施分成两大类。

1．误差预防技术

误差预防技术指减小原始误差或减少原始误差的影响，亦即减少误差源或改变误差源与加工误差之间的数量转换关系。但实践与分析表明，当精度要求高于某一程度后，利用误差预防技术来提高加工精度所花费的成本将成指数规律地增长。

2．误差补偿技术

误差补偿技术指在现存的原始误差条件下，通过分析、测量进而建立数学模型，并以这些原始误差为依据，人为地在工艺系统中引入一个附加的误差源，使之与工艺系统原有的误差相抵消，以减少或消除零件的加工误差。从提高加工精度的角度考虑，在现有的工艺系统条件下，误差补偿技术是一种行之有效的方法。特别是借助计算机辅助技术，这种方法可达到很好的实际效果。

二、机械加工的表面质量

（一）表面质量

机械加工的表面质量也称表面完整性，它包含表面的几何特征和表面层的力学物理性能两个方面。

1．表面的几何特征

如图 1-28 所示，表面的几何特征主要由以下几部分组成：

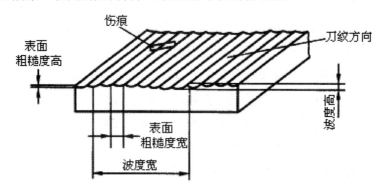

图 1-28　机械加工表面的几何形状误差

（1）表面粗糙度。即加工表面上具有的由较小间距和峰谷所组成的微观几何形状特征。它主要是由机械加工中切削刀具的运动轨迹所形成的，其波高与波长的比值一般大于 1：50。

（2）表面波度。即介于宏观几何形状误差与表面粗糙度之间的中间几何形状误差。它主要是由切削刀具的偏移和振动造成的，其波高与波长的比值一般为 1：50～1：1 000。

（3）表面加工纹理。即表面微观结构的主要方向，它取决于形成表面所采用的机械加工方法，即主运动和进给运动的关系。

（4）伤痕。在加工表面上一些个别位置上出现的缺陷。它们大多是随机分布的，如砂眼、气孔、裂痕和划痕等。

2．表面层的力学物理性能

表面层力学物理性能的变化，主要有 3 个方面：表面层的加工硬化；表面层金相组织的变化；表面层的残余应力。

（二）零件的表面质量对零件使用性能的影响

零件的表面质量对零件使用性能的影响主要有以下几方面：

1．零件的表面质量对零件耐磨性的影响

零件的耐磨性与摩擦副的材料、润滑条件和零件的表面质量等因素有关。特别是在前两个条件已确定的前提下，零件的表面质量就起着决定性的作用。

当两个零件的表面接触时，其表面的凸峰顶部先接触，其实际接触面积大大小于理论上的接触面积。表面越粗糙，实际的接触面积就愈小，凸峰处的单位面积压力就会增大，表面磨损更容易。即使在有润滑油的条件下，也会因接触处的压强超过油膜张力的临界值，破坏了油膜的形成而加剧表面层的磨损。表面粗糙度虽然对摩擦面的影响很大，但并不是表面粗糙度愈小零件愈耐磨。从图 1-29 所示的实验曲线可知，表面粗糙度 R_a 与初期磨损量 $\triangle_0$ 之间存在一个最佳值，此点所对应的是零件最耐磨的表面粗糙度。

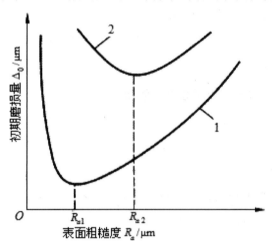

图 1-29 初期磨损量与表面粗糙度的关系

1-轻载荷；2-重载荷

在一定条件下，若零件的表面粗糙度过大，实际压强增大，凸峰间的挤裂、破碎和切断等作用加剧，磨损也就明显。在零件表面粗糙度过小的情况下，紧密接触的两个光滑表面间的贮油能力很差。一旦润滑条件恶化，则两表面金属分子间产生较大的亲和力，因黏合现象而使表面产生"咬焊"，导致磨损加剧，因此，零件摩擦表面的粗糙度偏离最佳值太大（无论是过小还是过大）都是不利的。

在不同的工作条件下，零件的最优表面粗糙度是不同的。重载荷情况下零件的最优表面粗糙度要比轻载荷时大。表面的轮廓形状和表面加工纹理对零件的耐磨性也有影响，因为表面轮廓形状及表面加工纹理影响零件的实际接触面积与润滑情况。

表面层的加工硬化使零件的表面层硬度提高，从而使表面层处的弹性和塑性变形减小，磨损减少，使零件的耐磨性提高。但如果硬化过度，会使零件的表面层金属变脆，磨损会加剧，甚至出现剥落现象，所以零件的表面硬化层必须控制在一定范围内。

2. 零件的表面质量对零件疲劳强度的影响

零件在交变载荷的作用下,其表面微观上不平的凹谷处和表面层的缺陷处容易引起应力集中而产生疲劳裂纹,造成零件的疲劳破坏。试验表明,减小表面粗糙度可以便零件的疲劳强度有所提高。因此,对于一些重要零件的表面,如连杆曲轴等,应进行光整加工,减小零件的表面粗糙度,提高其疲劳强度。

加工硬化对零件的疲劳强度影响也很大。表面层的加工硬化可以在零件表面形成一个冷硬层,因而能阻碍表面层疲劳裂纹的出现,从而使零件的疲劳强度提高。但如果零件表面层的冷硬程度过大,反而易产生裂纹,故零件的冷硬程度与硬化深度应控制在一定范围之内。

表面层的残余应力对零件的疲劳强度也有很大影响。当表面层为残余压应力时,能延缓疲劳裂纹的扩展,提高零件的疲劳强度;当表面层为残余拉应力时,容易使零件表面产生裂纹而降低其疲劳强度。

3. 零件的表面质量对零件耐腐蚀性能的影响

零件的耐腐蚀性在很大程度上取决于零件的表面粗糙度。零件表面越粗糙,越容易积聚腐蚀性物质,凹谷越深,渗透与腐蚀作用越强烈,因此,降低零件的表面粗糙度值可以提高零件的耐腐蚀性能。

表面残余应力对零件的耐腐蚀性能也有较大影响。零件表面的残余压应力使零件表面紧密,腐蚀性物质不易进入,可增强零件的耐腐蚀性,而表面残余拉应力则降低零件的耐腐蚀性。

4. 零件的表面质量对配合性质及其他方面的影响

相配零件间的配合关系是用过盈量或间隙值来表示的。在间隙配合中,如果零件的配合表面粗糙,则会使配合件很快磨损而增大配合间隙,改变配合性质,降低配合精度;在过盈配合中,如果零件的配合表面粗糙,则装配后配合面的凸峰被挤平,配合件间的有效过盈量减小,降低配合件间的连接强度,影响配合的可靠性。因此对有配合要求的表面,必须规定较小的表面粗糙度。

总之,提高加工表面的质量,对保证零件的使用性能、提高零件的寿命是很重要的。

（三）影响表面质量的因素及改善表面质量的途径

1. 影响加工表面几何特征的因素及其改进措施

如前所述,加工表面的几何特征包括表面粗糙度、表面波度、表面加工纹理及伤痕等4个方面的内容,其中表面粗糙度是构成加工表面几何特征的基本内容。

（1）切削加工后的表面粗糙度。国家标准规定,表面粗糙度等级用轮廓算术平均偏差 R_a、微观不平度十点高度 R_z 或轮廓最大高度 R_y 的数值大小表示,并要求优先采用 R_a。

切削加工后的表面粗糙度主要取决于切削残留面积的高度。影响切削残留面积高度的因素主要包括刀尖圆弧半径 r_ε、主偏角 k_r、副偏角 k_r' 及进给量 f 等。

图 1-30 给出了车削、刨削时残留面积高度的计算示意图。图 1-30a）是用尖刀切削的情况切削残留面积的高度 H 为：

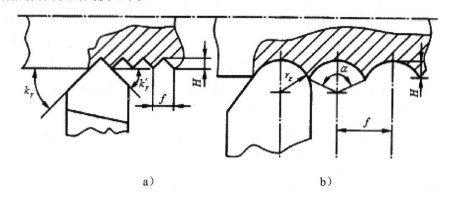

a）   b）

图 1-30 车削、刨削时残留面积的高度

a）尖刀切削；b）圆弧刀刃切削

$$H = \frac{f}{\operatorname{ctg}k_r + \operatorname{ctg}k_r'}$$

图 1-30b）是用圆弧刀刃切削的情况，切削残留面积的高度 H 为：

$$H = \frac{f^2}{8r_\varepsilon}$$

从以上两式可知，进给量 f 和刀尖圆弧半径 r_ε 对切削加工表面粗糙度的影响比较明显。切削加工时，选择较小的进给量 f 和较大的刀尖圆弧半径 r_ε，将会使表面粗糙度得到改善。

切削加工后表面的实际轮廓形状，与纯几何因素所形成的理论轮廓有较大差别。这是由于切削加工中有塑性变形发生的缘故。在实际切削时，选择低速宽刀精切和高速精切，往往可以得到较小的表面粗糙度。

加工脆性材料时，切削速度对表面粗糙度的影响不大。一般切削脆性材料比切削塑性材料容易达到表面粗糙度的要求。对于同样的材料，金相组织越是粗大，切削加工后的表面粗糙度也越大。为减小切削加工后的表面粗糙度，常在精加工前进行调质等处理，目的在于得到均匀细密的晶粒组织和较高的硬度。

此外，合理选择切削液，适当增大刀具的前角，提高刀具的刃磨性等，均能有效地减小加工面的表面粗糙度。

还有一些其他因素影响加工表面粗糙度，如在已加工表面的残留面积上叠加着的一些不规则金属生成物、黏附物或刻痕等。其形成的主要原因有积削瘤、鳞刺、振动、摩擦、切削刃不平整和切削划伤等。

（2）磨削加工后的表面粗糙度。像切削加工时表面粗糙度的形成过程一样，磨削加工的表面粗糙度也是由几何因素和表面层金属的塑性变形（物理因素）决定的，但磨削过程要比切削过程复杂得多。

① 几何因素的影响。磨削表面是由砂轮上大量的磨粒刻出的无数极细的沟槽形成的。单纯从几何因素考虑，可以认为在单位面积上刻痕越多，即通过单位面积的磨粒数越多，刻痕的等高性越好，则磨削表面的粗糙度值越小。

② 表面层金属的塑性变形（物理因素）的影响。砂轮的磨削速度远比一般切削加工的速度高，且磨粒大多为负前角，磨削比压大，磨削区温度很高，工件表层温度有时可达900 ℃，工件表层金属容易产生相变而烧伤。因此，磨削过程的塑性变形要比一般切削过程大得多。

由于塑性变形的缘故，被磨表面的几何形状与单纯根据几何因素所得到的原始形状大不相同。在力和热等因素的综合作用下，被磨工件表层金属的晶粒在横向被拉长了，有时还产生细微的裂口和局部的金属堆积现象。影响磨削表层金属塑性变形的因素，往往是影响表面粗糙度的决定性因素。

➢ 磨削用量。砂轮的速度高，就有可能使表层金属来不及变形，致使表层金属的塑性变形减小，磨削表面的粗糙度值也明显减小。

➢ 磨削深度对表层金属塑性变形的影响很大。增大磨削深度，塑性变形将随之增大，被磨表面的表面粗糙度值增大。

➢ 砂轮的选择。砂轮的粒度、硬度、组织和材料的选择，对被磨工件表层金属的塑性变形都会产生影响，进而影响表面粗糙度，单纯从几何因素考虑，砂轮的粒度越细，磨削的表面粗糙度越小。但磨粒太细，不仅砂轮易被磨屑堵塞，若导热情况不好，则会在加工表面产生烧伤等现象，反而使表面粗糙度增大。因此，砂轮的粒度常取为 46 # ~ 60 # 。

砂轮的硬度是指磨粒在磨削力作用下从砂轮上脱落的难易程度。砂轮选得太硬，磨粒不易脱落，磨钝了的磨粒不能及时被新磨粒替代，使工件表面的粗糙度增大。砂轮选得太软，磨粒易脱落，磨削作用减弱，也会使表面粗糙度增大，一般常选用中软砂轮。

砂轮的组织是指磨粒、结合剂和气孔的比例关系。紧密组织中的磨拉比例大，气孔小，在成形磨削和精密磨削时，能获得较高精度和较小的表面粗糙度。疏松组织的砂轮不易堵塞，适于磨削软金属、非金属软材料和热敏性材料（磁钢、不锈钢、耐热钢等），可获得较小的表面粗糙度。一般情况下应选用中等组织的砂轮。

砂轮材料的选择也很重要。砂轮材料选择适当，可获得满意的表面粗糙度。氧化物（刚玉）砂轮适于磨削钢类零件；碳化物（碳化硅、碳化硼）砂轮适于磨削铸铁、硬质合金等材料；用高硬磨料（人造金刚石、立方氮化硼）砂轮磨削，可获得极小的表面粗糙度，但加工成本很高。

此外，磨削液的作用也十分重要。对于磨削加工，由于磨削温度很高，热因素的影响往往占主导地位。因此，必须采取切实可行的措施，将磨削液送入磨削区。

2. 影响表层金属力学物理性能的工艺因素及其改进措施

由于受切削力和切削热的作用，表面金属层的力学物理性能会产生很大的变化，最主要的变化是表层金属显微硬度的变化、金相组织的变化以及在表层金属中产生残余应力等。

（1）加工表面层的冷作硬化

① 冷作硬化的产生。机械加工过程中产生的塑性变形，使晶格发生扭曲、畸变，晶粒间产生滑移，晶粒被拉长，这些都会便表面层金属的硬度增加，这种现象统称为冷作硬化（或称为强化、加工硬化）。表层金属冷作硬化的结果会增大金属变形的抗力，减小金属的塑性，使金属的物理性质（如密度、导电性及导热性等）有所变化。

金属冷作硬化的结果是使金属处于高能位不稳定状态，只要有条件，金属的冷硬结构会向比较稳定的结构转化。这种现象统称为弱化。机械加工过程中产生的切削热，将使金属在塑性变形中产生的冷硬现象得到一定的恢复。

由于金属在机械加工过程中同时受到力因素和热因素的作用，机械加工后表面层金属的性质取决于强化和弱化两个过程的综合。

评定冷作硬化的指标有下列 3 项：表层金属的显微硬度 HV，硬化层深度 h（μm）；硬化程度 N。

② 影响表面冷作硬化的因素。金属切削加工时，影响表面层冷作硬化的因素可从 4 个方面来分析：

➢ 切削力愈大，塑性变形愈大，硬化程度愈大，硬化层深度也愈大。因此，增大进给量和切削深度，减小刀具前角，都会增大切削力，便加工冷作硬化严重。

➢ 当变形速度很快（即切削速度很高）时，塑性变形将不充分，冷作硬化层的深度和硬化程度都会减小。

➢ 切削温度高，回复作用会增大，硬化程度减小。如高速切削或刀具钝化后切削，都会使切削温度上升，硬化程度减小。

➢ 工件材料的塑性越大，冷作硬化程度也越严重。碳钢中含碳量越大，强度越高，其塑性越小，冷作硬化程度也越小。

金属磨削时，影响表面冷作硬化的因素主要有以下两方面：

➢ 磨削用量的影响。加大磨削深度，磨削力随之增大，磨削过程的塑性变形加剧，表面的冷硬倾向增大。加大纵向进给速度，每颗磨粒的切屑厚度会随之增大，磨削力加大，冷作硬化程度会增大。因此加工表面的冷硬状况要综合考虑上述两种因素的作用。提高工件转速会缩短砂轮对工件热作用的时间，使软化倾向减弱，因而表面层的冷硬程度增大。提高磨削速度，每颗磨粒切除的切削厚度变小，减

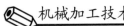

弱了塑性变形程度，而磨削区的温度增高，弱化倾向会增大。所以，高速磨削时加工表面的冷硬程度总比普通磨削时低。

➤ 砂轮粒度的影响。砂轮的粒度越大，每颗磨粒的载荷越小，冷硬程度也越小。

③ 冷作硬化的测量方法。冷作硬化的测量主要是指表面层的显微硬度 HV 和硬化层深度 h 的测量，硬化程度 N（如前述）可由表面层的显微硬度 HV，和工件内部金属原来的显微硬度 HV_0 计算求得。

表面层显微硬度 HV 的常用测定方法是用显微硬度计来测量。它的测 K 量原理与维氏硬度计相同，都是采用顶角为 $136°$ 的金刚石压头在试件表面上打印痕，根据印痕的大小决定硬度值。所不同的只是测呈显微硬度时，显微硬度计所用的载荷很小，一般都在 2N 以内，印痕也极小。加工表面冷硬层很薄时，可在斜截面上测量显微硬度。对于平面试件可按图 1-31a）磨出斜面，然后逐点测量其显微硬度，并将测量结果绘制成如图 1-31b）所示的图形。斜切角 α 常取为 $0°\ 30'\sim2°\ 30'$。采用斜截面测量法，不仅可测量显微硬度，还能较为准确地测出硬化层深度 h。由图 1-31a）可知：

$$h = L\sin\alpha + R_z$$

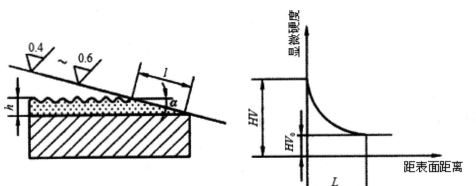

a）　　　　　　　　　　　　b）

图 1-31　在斜截面上测量显微硬度

a）磨出斜面；b）绘制成图

（2）表层金属的金相组织变化。机械加工过程中，在工件的加工区及其邻近的区域，温度会急剧升高。当温度升高到超过工件材料相变的临界点时，就会发生相变。对于一般的切削加工方法，通常不会上升到如此高的温度。但在磨削加工时，不仅磨削比压特别大，且磨削速度也特别高，切除金属的功率消耗远大于其他加工方法。加工所消耗能量的绝大部分都要转化为热，这些热量中的大部分（约 80%）将传给被加工表面，使工件表面具有很高的温度。对于已淬火的钢件，很高的磨削温度往往会使表层金属的金相组织产生变化，使表层金属的硬度下降，使工件表面呈现氧化膜颜色，这种现象称为磨削烧伤。磨削加工是一种典型的容易产生加工表面金相组织变化的加工方法，磨削加工中的烧伤现象会严重影响零件的使用性能。

磨削烧伤与温度有着十分密切的关系。一切影响温度的因素都在一定程度上对烧伤有影响。因此，研究磨削烧伤问题可以从切削时的温度入手，通常从以下3方面考虑：

① 合理选用磨削用量。以平磨为例来分析磨削用量对烧伤的影响。磨削深度 a_p 对磨削温度影响极大；加大横向进给量 f_t 对减轻烧伤有利，但增大 f_t 会导致工件表面粗糙度变大，这时可采用较宽的砂轮来弥补；加大工件的回转速度 v_w，磨削表面的温度升高，但其增长速度与磨削深度 a_p 的影响相比小得多。从要减轻烧伤而同时又要尽可能保持较高的生产率方面考虑，在选择磨削用量时，应选用较大的工件速度和较小的磨削深度。

② 改善冷却条件。磨削时磨削液若能直接进入磨削区，对磨削区进行充分冷却，能有效地防止烧伤现象的产生。水的比热容和汽化热都很高，在室温条件下，1 mL 的水变成 100 ℃以上的水蒸气至少能带走 2512 J 的热量，而磨削区的热源每秒钟的发热量，在一般磨削用量下都在 4187 J 以下。据此推测，只要设法保证在每秒时间内有 2 mL 的冷却水进入磨削区，将有相当可观的热量被带走，就可以避免产生烧伤。然而，目前常用的冷却方法（见图 1-32）效果很差，实际上没有多少磨削液能够真正进入磨削区 AB。因此，须采取切实可行的措施改善冷却条件，防止烧伤现象产生。

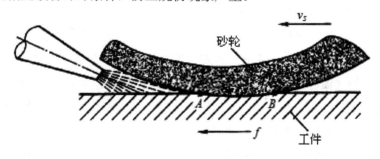

图 1-32　常用的冷却方法

内冷却是一种较为有效的冷却方法，如图 1-33 所示。其工作原理是：经过严格过滤的冷却液通过中空主轴法兰套引入砂轮的中心腔 3 内，由于离心力的作用，这些冷却液就会通过砂轮内部的孔隙向砂轮四周的边缘甩出，因此冷却水就有可能直接注入磨削区。目前，内冷却装置尚未得到广泛应用，其主要原因是使用内冷却装置时，磨床附近有大量水雾，操作工人的劳动条件差，且在精磨加工时无法通过观察火花试磨对刀。

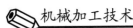

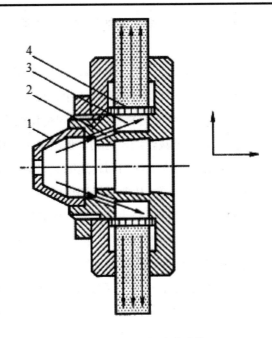

图 1-33　内冷却砂轮结构

1-锥型盖；2-切削液通孔；3-砂化中心腔；4-有径向小孔的薄壁套

③ 正确选择砂轮。磨削导热性差的材料（如耐热钢、轴承钢及不锈钢等），容易产生烧伤现象，应特别注意合理选择砂轮的硬度、结合剂和组织。硬度太高的砂轮，磨粒钝化之后不易脱落，容易产生烧伤。因此，为避免产生烧伤，应选择较软的砂轮。应选择具有一定弹性的结合剂（如橡胶结合剂、树脂结合剂），有助于避免烧伤现象的产生。此外，为了减少砂轮与工件之间的摩擦热，在砂轮的孔隙内浸入石蜡之类的润滑物质，对降低磨削区的温度，防止工件烧伤也有一定效果。

（3）表层金属的残余应力。在机械加工过程中，当表层金属组织发生形状变化、体积变化或金相组织变化时，将在表面层的金属与其基体间产生相互平衡的残余应力。

表层金属产生残余应力的原因是：机械加工时在加工表面的金属层内有塑性变形产生，使表层金属的密度发生变化。由于塑性变形只在表面层中产生，而表面层金属的体积膨胀，不可避免地要受到与它相连的里层金属的阻碍，这样就在表面层内产生了压缩残余应力，而在里层金属中产生拉伸残余应力。当刀具从被加工表面上切除金属时，表层金属的纤维被拉长，刀具后刀面与已加工表面的摩擦又加大了这种拉伸作用。刀具切离之后，拉伸弹性变形将逐渐恢复，而拉伸塑性变形则不能恢复。表面层金属的拉伸塑性变形，受到与它相连的里层未发生塑性变形金属的阻碍，因此就在表层金属产生压缩残余应力，而在里层金属中产生拉伸残余应力。

（4）表面强化工艺。这里所说的表面强化工艺是指通过冷压加工方法使表面层金属发生冷态塑性变形，以降低表面粗糙度，提高表面硬度，并在表面层产生压缩残余应力的表面强化工艺。冷压加工强化工艺是一种既简便又有明显效果的加工方法，因而应用十分广泛，具体应用如下所示：

① 喷丸强化。喷丸强化是利用大量快速运动的珠丸打击被加工工件的表面，使工件表面产生冷硬层和压残余应力，从而提高零件的疲劳强度和使用寿命。

珠丸可以是铸铁的珠丸，也可以是切成小段的钢丝（使用一段时间之后自然变成球状）。对于铝质工件，为避免表面残留铁质微粒而引起电解腐蚀，宜采用铝丸或玻璃丸。珠丸的直径一般为 0.2~4 mm，对于尺寸较小、要求表面粗糙度较小的工件，应采用直径较小的珠丸。

喷丸强化主要用于强化形状复杂或不宜用其他方法强化的工件，例如板弹簧、螺旋弹簧、连杆、齿轮及焊缝等。

② 滚压加工。滚压加工是利用经过淬硬和精细研磨过的滚轮或滚珠，在常温状态下对金属表面进行挤压，将表层的凸起部分向下压，凹下部分往上挤（见图 1-34），这样逐渐将前工序留下的波峰压平，从而修正工件表面的微观几何形状的方法。此外，它还能使工件表面的金属组织细化，形成压缩残余应力。

图 1-34　滚压加工原理图

③ 挤压加工。挤压加工是将经过研磨的、具有一定形状的超硬材料（金刚石或立方氮化硼）作为挤压头，安装在专用的弹性刀架上，在常温状态下对金属表面进行挤压的方法。挤压后的金属表面粗糙度下降，硬度提高，表面形成压缩残余应力，从而提高了表面的抗疲劳强度。

本章小结

本章主要介绍了机械加工工艺规程的基本概念，工件的安装、基准和定位，工艺路线的拟定，加工余量的确定，工序尺寸及其公差的确定和机械加工质量分析。

本章的主要内容包括生产过程和工艺过程；机械加工工艺过程的组成；工件的安装；工件的定位原理；基准及其分类；定位基准的选择；表面加工方法的选择；工艺阶段的划分；工序的划分；加工顺序的安排；加工余量的概念；影响加工余量的因素；确定加工余

量的方法；工艺基准与设计基准重合时工序尺寸及其公差的确定；工艺基准与设计基准不重合时工序尺寸及其公差的确定；机械加工精度和机械加工的表面质量。通过对本章的学习，读者可以了解机械加工工艺规程的基本概念；掌握工件的安装、基准和定位；掌握机械加工工艺路线的拟定；掌握加工余量的确定；掌握工序尺寸及其公差的确定；掌握机械加工质量分析。

练习题

1. 什么是生产过程？生产过程都包括哪些？
2. 什么是工艺过程？
3. 什么是工序？划分工序的依据是什么？
4. 工件定位的原理是什么？
5. 影响加工余量的因素有哪些？
6. 影响模具精度的主要因素有哪些？
7. 提高加工精度的途径有哪些？

第二章　车削加工技术

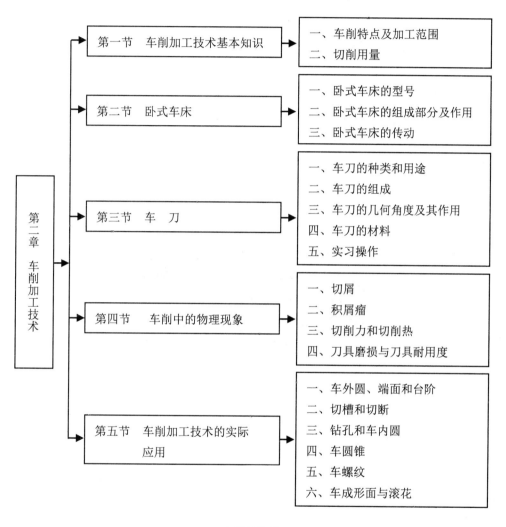

本章结构图

【学习目标】

➢ 了解车削的特点及加工范围；

➢ 了解卧式车床的型号、组成及作用；

➢ 了解车刀的种类、用途及组成；

➢ 掌握车刀的几何角度及其作用；

> ➤ 掌握车削中的物理现象;
> ➤ 掌握车削加工技术的实际应用。

第一节　车削加工技术基本知识

一、车削特点及加工范围

（一）车削工作的特点

在车床上，工件旋转，车刀在平面内作直线或曲线移动的切削称为车削。车削是以工件旋转为主运动、车刀纵向或横向移动为进给运动的一种切削加工方法，车外圆时各种运动的情况如图 2-1 所示。

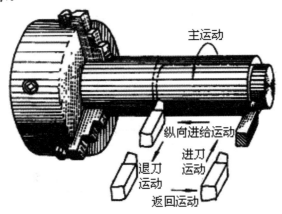

图 2-1　车削运动

（二）车削加工范围

凡具有回转体表面的工件，都可以在车床上用车削的方法进行加工，此外，车床还可以绕制弹簧。卧式车床的加工范围如图 2-2 所示。表面粗糙度值 R_a＝3.2～1.6 μm。

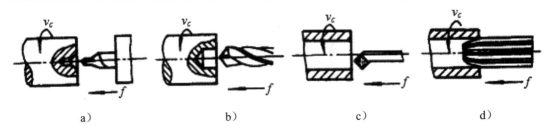

a）　　　　　　　b）　　　　　　　c）　　　　　　　d）

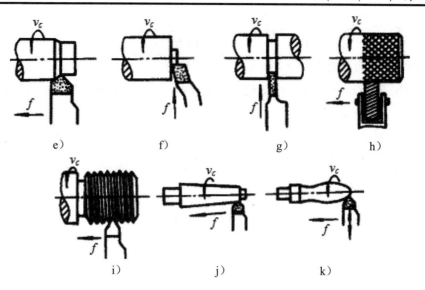

图 2-2 车削加工范围

a）钻中心孔；b）钻孔；c）镗孔；d）铰孔；e）车外圆；f）车端面；
g）切断；h）滚花；i）车螺纹；j）车锥体；k）车成形面

二、切削用量

切削加工过程中的切削速度（v_c）、进给量（f）、背吃刀量（a_p）总称为切削用量。车削时的切削用量如图 2-3 所示。切削用量的合理选择对提高切削的生产率和切削质量有着密切的关系。

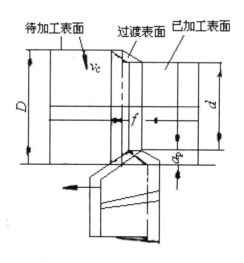

图 2-3 切削用量示意图

（1）切削速度（v_c）。切削刃选定点相对于工件的主运动的瞬时速度，单位为 m/s 或 m/min，可用下式计算

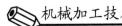
$$v_c = \frac{\pi D n}{1\,000} \text{ m/min} = \frac{\pi D n}{1\,000 \times 60} \text{ m/s}$$

式中：D 为工件待加工表面直径（mm）；n 为工件每分钟的转速（r/min）。

（2）进给量（f）。刀具在进给运动方向上相对工件的位移量，用工件每转的位移量来表达和度量，单位为 mm/r。

（3）背吃刀量（a_p）。在通过切削刃基点（中点）并垂直于工作平面的方向（平行于进给运动方向）上测量的吃力量，即工件待加工表面与已加工表面间的垂直距离，单位为 mm。背吃力量可用下式表达：

$$a_p = \frac{D - d}{2} \text{ mm}$$

式中：D 为工件待加工表面直径（mm）；d 为工件已加工表面直径（mm）。

第二节　卧式车床

一、卧式车床的型号

机床的型号是用来表示机床的类别、特性、组系和主要参数的代号。按照 JB1838—85《金属切削机床型号编制方法》的规定，机床型号由汉语拼音字母及阿拉伯数字组成，其表示方法如下：

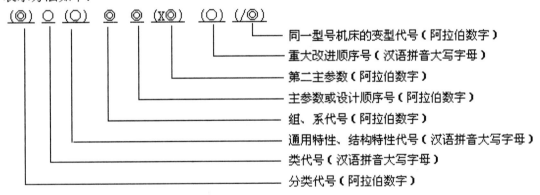

其中带括号的代号或数字，当无内容时则不表示，若有内容时则不带括号。

例如：C6136A

C 为类代号，车床类机床；61 为组系代号，卧式；36 为主参数，机床可加工工件最大的回转直径的 1/10，即该机床可加工最大工件直径为 360 mm；A 为重大改进顺序号，第一次重大改进。

二、卧式车床的组成部分及作用

卧式车床的组成部分主要有：主轴箱、进给箱、溜板箱、光杠、丝杠、方刀架、尾座、床身及床腿等，其组成部分如图2-4所示。

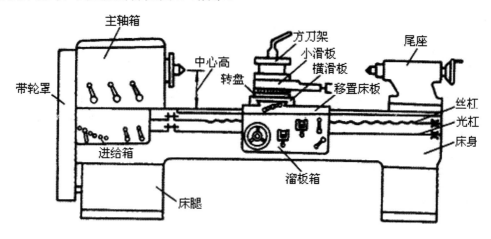

图2-4 C6136卧式车床示意图

（1）主轴箱。箱内装有主轴和主轴变速机构。电动机的运动经普通V型带传给主轴箱，再经过内部主轴变速机构将运动传给主轴，通过变换主轴箱外部手柄的位置来操纵变速机构，使主轴获得不同的转速，而主轴的旋转运动又通过挂轮机构传给进给箱。

主轴为空心结构：前部外锥面用于安装卡盘和其他夹具来装夹工件，内锥面用于安装顶尖来装夹轴类工件，内孔可穿入长棒料。

（2）进给箱。箱内装有进给运动的变速机构，通过调整外部手柄的位置，可获得所需的各种不同的进给量或螺距(单线螺纹为螺距，多线螺纹为导程)。

（3）光杠和丝杠。它们可将进给箱内的运动传给溜板箱。光杠传动用于回转体表面的机动进给车削，丝杠传动用于螺纹车削，其变换可通过进给箱外部的光杠和丝杠变换手柄来控制。

（4）溜板箱。溜板箱是车床进给运动的操纵箱。箱内装有进给运动的变向机构，箱外部有纵、横向手动进给、机动进给及开合螺母等控制手柄。通过改变不同的手柄位置，可使刀架纵向或横向移动机动进给以车削回转体表面，或将丝杠传来的运动变换成车螺纹的走刀运动，或手动操作纵向、横向进给运动。

（5）刀架和滑板。刀架和滑板用来夹持车刀使其作纵向、横向或斜向进给运动，由移置床鞍、横滑板、转盘、小滑板和方刀架组成。

（6）尾座。其底面与床身导轨面接触，可调整并固定在床身导轨面的任意位置上。在尾座套筒内装上顶尖可夹持轴类工件，装上钻头或铰刀可用于钻孔或铰孔。

（7）床身。床身是车床的基础零件，用于连接各主要部件并保证其相对位置，其导轨用来引导溜板箱和尾座的纵向移动。

（8）床腿。床腿支撑床身并与地基连接。

三、卧式车床的传动

图 2-5 所示是 C6136 卧式车床的传动系统图，其传动路线如下：

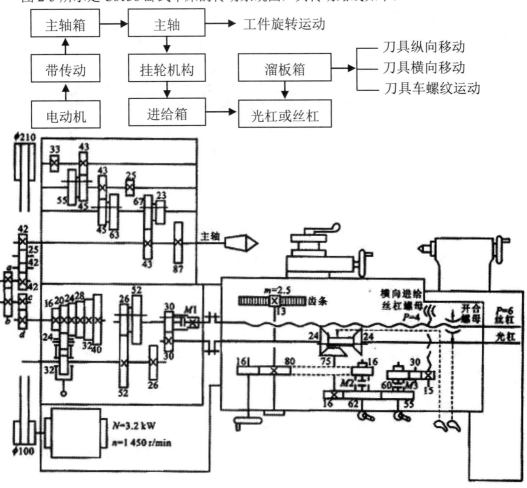

图 2-5 C6136 卧示车床传动系统图

这里有两条传动路线：一条是电动机的转动经带传动，再经主轴箱中的主轴变速机构把运动传给主轴，使主轴产生旋转运动，这条运动传动系统称为主运动传动系统；另一条是主轴的旋转运动经挂轮机构、进给箱中的齿轮变速机构、光杠或丝杠、溜板箱把运动传给刀架，使刀具纵向或横向移动或在车螺纹时纵向移动，这条传动系统称为进给传动系统。

（一）主运动传动系统

C6136 车床主运动传动系统为：

电动机—Φ100/Φ210—（33/55；43/45）—（43/45；25/63）—（67/43；23/87）—主轴改变各个主轴变速手柄的位置，即改变了滑移齿轮的啮合位置，可使主轴得到 8 种不同的正转，而反转则由电动机直接控制，其中主轴正转的极限转速为：

$$n = 1450 \times \frac{100}{210} \times \frac{43}{45} \times \frac{43}{45} \times \frac{67}{43} \times 0.98 = 980 \text{ r/min}（最大转速）$$

$$n = 1450 \times \frac{100}{210} \times \frac{33}{55} \times \frac{25}{63} \times \frac{23}{87} \times 0.98 = 42 \text{ r/min}（最小转速）$$

（二）进给运动传动系统

C6136 车床进给运动传动系统为：

$$主轴 —— \frac{42}{25} \times \frac{25}{42} \times \frac{42}{42} —— \frac{a}{b} \times \frac{c}{d} —— \left\{ \begin{array}{c} \frac{16}{24} \\ \frac{20}{24} \\ \frac{24}{24} \\ \frac{24}{24} \\ \frac{24}{28} \\ \frac{24}{32} \\ \frac{24}{40} \\ \frac{24}{} \end{array} \right\} —— \frac{24}{32} —— （M_1 结合）$$

$$\left\{ \begin{array}{c} \frac{52}{26} \\ \frac{26}{52} \end{array} \right\} —— \left\{ \begin{array}{l} 丝杆—开合螺母—刀架—加工螺纹运动 \\ \left(\begin{array}{c} M_2 结合 \\ M_3 分离 \end{array} \right) \\ \frac{30}{30} —— \frac{24}{75} —— \frac{16}{62} \left\{ \begin{array}{l} \frac{16}{80} —齿轮齿条—纵向进给 \\ \frac{62}{55} —— \frac{60}{30} \times \frac{30}{15} —丝杆螺母—横向进给 \end{array} \right. \end{array} \right.$$

改变各个进给变速手柄的位置，即改变了进给变速机构中各滑移齿轮的不同啮合位置，可获得 12 种不同的纵向或横向进给量或螺距，其进给量变动范围是：

$$f_{纵} = 0.043 \sim 2.37 \text{ mm/r}$$

$$f_{横} = 0.038 \sim 2.1 \text{ mm/r}$$

如果变换挂轮的齿数，则可得到更多的进给量或螺距。

第三节 车 刀

车刀是用于车削加工的、具有一个切削部分的刀具。车刀是切削加工中应用最广的刀具之一。车刀的工作部分就是产生和处理切屑的部分，包括刀刃、使切屑断碎或卷拢的结构、排屑或容储切屑的空间、切削液的通道等结构要素。

一、车刀的种类和用途

车刀的种类很多，一般常按车刀的用途、形状或刀具的材料等进行分类。

车刀按用途分为外圆车刀、内圆车刀、切断或切槽刀、螺纹车刀及成形车刀等。内圆车刀按其能否加工通孔又分为通孔车刀或不通孔车刀。车刀按其形状分为直头或弯头车刀、尖刀或圆弧车刀、左或右偏刀等。车刀按其材料可分为：高速钢车刀或硬质合金车刀等。按被加工表面精度的高低车刀可分为粗车刀和精车刀（如弹簧车刀）。按车刀的结构则分为焊接式和机械夹固式两类，其中机械夹固式车刀又按其能否刃磨分为重磨式和不重磨式（转位式）车刀。图 2-6 所示为车刀按用途分类的情况及所加工的各种表面。

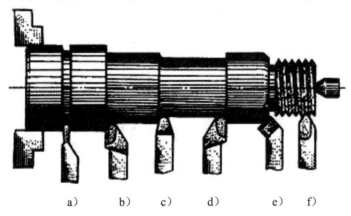

图 2-6 部分车刀的种类和用途

a）切外槽；b）车右台阶；c）车台阶圆角；d）车左台阶；e）倒角；f）车螺纹

二、车刀的组成

车刀是由刀头和刀杆两部分组成，如图 2-7 所示。刀头是车刀的切削部分，刀杆是车刀的夹持部分。

车刀的切削部分由三面、两刃和一尖组成。

（1）前面。刀具上切屑流过的表面，也是车刀刀头的上表面。

（2）主后面。刀具上同前面相交形成主切削刃的后面。

（3）副后面。刀具上同前面相交形成副切削刃的后面。

（4）主切削刃。起始于切削刃上主偏角为零的点且至少有一段切削刃拟用来在工件上切出过渡表面的那个整段切削刃。

（5）副切削刃。切削刃上除主切削刃部分以外的刃，其亦起始于主偏角为零的点，但该刃是向着背离主切削刃的方向延伸的。

（6）刀尖。刀尖指主切削刃与副切削刃的连接处相当少的一部分切削刃，实际上刀尖是一段很小的圆弧过渡刃。

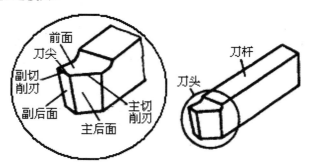

图 2-7　车刀的组成

三、车刀的几何角度及其作用

为了确定车刀切削刃和其前后面在空间的位置，即确定车刀的几何角度，有必要建立三个互相垂直的坐标平面（辅助平面）：基面、切削平面和正交平面，如图 2-8 所示。

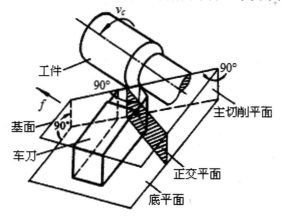

图 2-8　车刀的辅助平面

车刀在静止状态下，基面是过工件轴线的水平面，主切削平面是过主切削刃的铅垂面，正交平面是垂直于基面和主切削平面的铅垂剖面。

车刀切削部分在辅助平面中的位置，形成了车刀的几何角度。车刀的主要角度有前角 γ_0、后角 α_0、主偏角 k_r 和副偏角 k_r'，如图 2-9 所示。

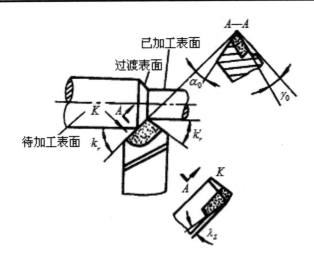

图 2-9　车刀的主要角度

（1）前角 γ_0。前角是指前面与基面间的夹角，其角度可在正交平面中测量。增大前角会使前面倾斜程度增加，切屑易流经刀具前面，且变形小而省力；但前角也不能太大，否则会削弱刀刃强度，容易崩坏。一般前角 $\gamma_0 = -5° \sim 20°$。前角的大小还取决于工件材料、刀具材料及粗、精加工等情况，如工件材料和刀具材料愈硬，前角乃应取小值，而在精加工时，前角 γ_0 取大值。

（2）后角 α_0。后角是指后面与切削平面间的夹角，其角度在正交平面冲测量，其作用是减小车削时主后面与工件间的摩擦，降低切削时的振动，提高工件表面加工质量。一般后角 $\alpha_0 = 3° \sim 12°$，粗加工或切削较硬材料时后角 α_0 取小值，精加工或切削较软材料时取大值。

（3）主偏角 k_r。主偏角是指主切削平面与假定工作平面（平行于进给运动方向的铅垂面）间的夹角，其角度在基面中测量。减小主偏角，可使刀尖强度增加，散热条件改善，提高刀具使用寿命，但同时也会使刀具对工件的背向力增大，使工件变形而影响加工质量，如不易车削细长轴类工件等，所以通常主偏角 k_r 取 $45°$、$60°$、$75°$ 和 $90°$ 等几种。

（4）副偏角 k_r'。副偏角是指副切削平面（过副切削刃的铅垂面）与假定工作平面（平行于进给运动方向的铅垂面）间的夹角，其角度在基面中测得，其作用是减少副切削刃与已加工表面间的摩擦，以提高工件表面加工质量，一般副偏角叫 $k_r' = 5° \sim 15°$

四、车刀的材料

（一）对刀具材料的基本要求

对刀具材料的基本要求主要有以下几方面：

（1）硬度高。刀具切削部分的材料应具有较高的硬度，其最低硬度要高于工件的硬

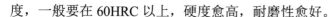

度，一般要在 60HRC 以上，硬度愈高，耐磨性愈好。

（2）红硬性好。红硬性好是要求刀具材料在高温下镍持其原有的良好的硬度性能，红硬性常用红硬温度来表示。红硬温度是指刀具材料在切削过程中硬度不降低时的温度，其温度愈高，刀具材料在高温下耐磨的性能就愈好。

（3）具有足够的强度和韧性。为承受切削过程中产生的切削力和冲击力，防止产生振动和冲击，刀具材料应具有足够的强度和韧性，才不会发生脆裂和崩刃。

一般的刀具材料如果硬度高、红硬性好，在高温下必耐磨，但其韧性往往较差，不易承受冲击和振动，反之韧性好的材料往往硬度和红硬温度较低。

（二）常用车刀的材料

常用车刀的材料主要有高速钢和硬质合金。

（1）高速钢。高速钢是指含有钨（W）、铬（Cr）、钒（V）等合金元素较多的高合金工具钢，其经热处理后硬度可达62HRC～65HRC。高速钢的红硬温度可达500 ℃～600 ℃，在此温度下刀具材料硬度不会降低，仍能保持正常切削，且其强度和韧性都很好，刃磨后刃口锋利，能承受冲击和振动。但由于红硬温度不太高，故允许的切削速度一般为25～30 m/min，所以高速钢材料常用于制造精车车刀或用于制造整体式成形车刀以及钻头、铣刀、齿轮刀具等，其常用牌号有 Wl8Cr4V 和 W6Mo5Cr4V2 等。

（2）硬质合金。硬质合金是用碳化钨（WC）、碳化钛（TiC）和钴（Co）等材料利用粉末冶金的方法制成的合金，具有很高的硬度，其值可达 89 HRA～90 HRA（相当于74HRC～82HRC）。其红硬温度高达 850 ℃～1 000 ℃，即在此温度下仍能保持其正常的切削性能，但另一方面，它的韧性很差，性脆，不易承受冲击、振动且易崩刃。由于红硬温度高，故硬质合金车刀允许的切削速度高达 200～300 m/min。因此，使用这种车刀，可以加大切削用量，进行高速强力切削，可显著提高生产率。硬质合金车刀可制成各种形式的刀片，将其焊接在 45 钢的刀杆上或采用机械夹固的方式夹持在刀杆上，以提高使用寿命。车刀的材料主要采用硬质合金，其他的刀具如钻头、铣刀等材料也广泛采用硬质合金。

常用的硬质合金代号有 P01（YT30）、PlO（YTl5）、P30（YT5）、K01（YG3X）、K20（YG6）和 K30（YG8），其含义参见 GB2075—87《切削加工用硬质合金分类、分组代号》。

五、实习操作

（一）操作要点

1. 砂轮的选择

常用的砂轮有氧化铝和碳化硅两类。氧化铝砂轮呈白色，适用于高速钢和碳素工具钢刀具的刃磨；碳化硅砂轮呈绿色，适用于硬质合金刀具的刃磨。砂轮的粗细以粒度号表示，一般有 36、60、80 和 120 等级别，粒度号愈大则表示组成砂轮的磨粒愈细，反之则愈粗。粗磨车刀应选用粗砂轮，精磨车刀应选用细砂轮。

2．刃磨车刀时的注意事项

刃磨时，两手握稳车刀，轻轻地接触砂轮，不能用力过猛，以免挤碎砂轮造成事故。利用砂轮的圆周进行车刀磨削时，应经常左右移动，以防止砂轮出现沟槽。不要用砂轮侧面磨削，以免受力后使砂轮破碎。磨硬质合金车刀时，不能沾水，以防刀片收缩变形而产生裂纹，而磨高速钢车刀时，则必须沾水冷却，使磨削温度下降，防止刀具变软。同时在安全方面，人要站在砂轮的侧面以防止砂轮崩裂伤人，磨好刀具后要随手关闭电源。

3．安装车刀时的注意事项

安装后的车刀刀尖必须与工件轴线等高，刀杆与工件轴线垂直，这样才能发挥刀具的切削性能。合理调整刀垫的片数，不能垫得过多，刀尖伸出的长度应小于车刀刀杆厚度的两倍，以免产生振动而影响加工质量。夹紧车刀的紧固螺栓至少拧紧两个，拧紧后扳手要及时取下，以防发生安全事故。

（二）刃磨车刀

车刀用钝后，需重新刃磨才能得到合理的几何角度和形状。通常车刀是在砂轮机上用手工进行刃磨的，刃磨车刀的步骤如图 2-10 所示。

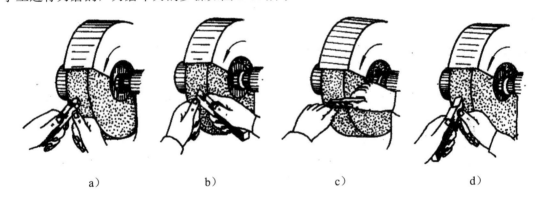

| a） | b） | c） | d） |

图 2-10　车刀的刃磨步骤

a）磨主后面；b）磨副后面；c）磨前面；d）磨刀尖圆弧

（1）磨主后面。按主偏角大小将刀杆向左偏斜，再将刀头向上翘，使主后面自下而上慢慢地接触砂轮，如图 2-10a）所示。

（2）磨副后面。按副偏角大小将刀杆向右偏斜，再将刀头向上翘。使副后面自下而上慢慢地接触砂轮，如图 2-10b）所示。

（3）磨前面。先将刀杆尾部下倾，再按前角大小倾斜前面，使主切削刃与刀杆底部平行或倾斜一定角度，再使前面自下而上慢慢地接触砂轮，如图 2-10c）所示。

（4）磨刀尖圆弧过渡刃。刀尖上翘，使过渡刃有后角，为防止圆弧刃过大，需轻靠或轻摆刃磨，如图 2-10d）所示。

经过刃磨的车刀，用油石加少量机油对切削刃进行研磨，可以提高刀具耐用度和工件表面的加工质量。

（三）安装车刀

锁紧方刀架后，选择不同厚度的刀垫垫在刀杆下面，刀头伸出的长度不能过长，拧紧刀杆紧固螺栓后再使刀尖对准工件中心线，如图 2-11 所示。

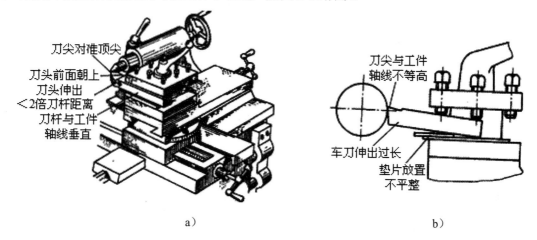

a）　　　　　　　　　　　　　　　　　　　b）

图 2-11　车刀的安装

a）正确；b）错误

第四节　车削中的物理现象

一、切屑

（一）切屑的形成

刀具对工件进行切削，被切削的金属层在刀具切削刃和前面的挤压作用下将产生弹性变形和塑性变形。被切削的金属层的应力较小时，产生的是弹性变形；当应力达到屈服点时，开始产生塑性变形，即产生晶格滑移现象。当继续切削的瞬间，应力和变形达到最大值时，切削层金属被切离并沿刀具前面流出，形成了切屑。

切屑的厚度称为理想切屑厚度 a_{ch}，切屑的长度比工件上切削层的长度短，如图 2-12 所示。

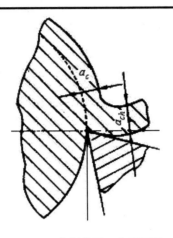

图 2-12　车削外圆正交平面图

切屑的变形程度用切屑厚度压缩比 A_h 表示，即：

$$A_h = \frac{a_{\text{ch}}}{a_{\text{c}}} > 1$$

切削厚度压缩比 A_h 直接反映了切屑的变形程度，并且比较容易测量。A_h 值愈大，表示切屑愈短，标志着切屑变形愈大。

（二）切屑的种类

不同的金属材料或不同的切削条件，切削时将产生不同的变形情况，即产生不同类型的切屑。常见的切屑呈带状、节状及崩碎状三种，如图 2-13 所示。

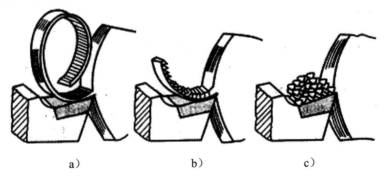

a）　　　　　　　　b）　　　　　　　　c）

图 2-13　切屑的种类

a）带状切屑；b）节状切屑；c）崩碎切屑

切削塑性材料时，增大刀具前角，提高切削速度，减小背吃刀量，便产生带状切屑，如图 2-14a）所示，这时切削过程平稳，切削力小，表面粗糙度值小。当减小刀具前角、降低切削速度、增大背吃刀量时，便产生节状切屑，如图 2-13b）所示，这时切削过程不太平稳，切削力较大，表面粗糙度值也较大。

切削铸铁、青铜等脆性材料时，会产生崩碎切屑，如图 2-13c）所示，其切削过程不平稳，切削力波动大，使表面粗糙度值增大。

二、积屑瘤

切削塑性材料时，在刀尖部位黏结着一小块很硬的金属楔块，它称为积屑瘤，如图 2-14 所示。

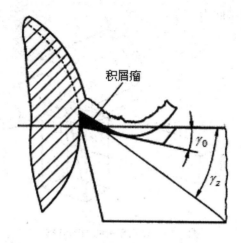

图 2-14　积屑瘤

在中速（$v=25$ m/min）切削塑性材料时，在一定的切削条件下，随着压力和摩擦力的增大，刀尖处温度的提高，切屑底层金属的流速会减慢，出现切屑"滞流"现象，底层金属黏结和堆积在刀尖处，便形成了积屑瘤。

积屑瘤的硬度很高，是工件硬度的 2～3.5 倍，可保护刀刃并代替刀刃切削，同时，积屑瘤增大了刀具的实际工作前角，使切削力下降，故对粗加工有利。另外，由于积屑瘤在切削过程中是不稳定的，其大部分被切屑带走，小部分被挤压到已加工表面，可形成许多硬质点，使已加工表面粗糙度值增大，故精加工时应防止产生积屑瘤。

精加工时，采用低速或高速切削，减小进给量，增大刀具前角，减小刀具前面表面粗糙度值，合理使用切削液等，这些都是防止产生积屑瘤约有效措施。

三、切削力和切削热

（一）切削力

在切削过程中，存在着切削层金属产生弹性变形和塑性变形的抗力，还存在着刀具与切屑、工件表面间的摩擦阻力，它们的合力即是总切削力 F。

车外圆时，可将总切削力 F 分解成三个互相垂直的分力：$F=\sqrt{F_c^2+F_p^2+F_f^2}$，如图

2-15 所示。

（1）切削力 F_c。总切削力 F 在主运动方向上的正投影，它垂直于工作基面和切削速度的方向相同，故又称为切向力。

（2）背向力 F_p。总切削力 F 在垂直于工作平面（平行于进给运动方向的铅垂面）的分力，其投影在工作基面上并与工件轴线垂直，故又称为径向力。

（3）进给力 F_f。总切削力 F 在进给运动方向上的投影，其投影在工作基面上并与工件轴线相平行，故又称为轴向力。

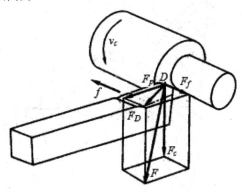

图 2-15　外圆车削时力的分解

一般情况下，切削力 F_c 最大，背向力 F_p 和进给力 F_f 较小。实验测定：F_p ＝（0.15～0.7）F_c，F_f ＝（0.1～0.6）F_c

切削力 F_c 是设计机床主运动系统的零件硬度、刚度和选择机床电机的主要依据；背向力 F_p 使工件产生弯曲变形和振动，导致加工误差的产生而影响工件的加工精度；进给力 F_f 是设为计机床进给系统的零件强度、刚度的依据。

切削力 F_c 可用下式粗略计

$$\rho A_c = \rho a_p f$$

式中：ρ 为单位切削力，可从有关切削用量手册中查得（N/mm^2）；A_c 为 切削层标称横截面积（mm^2）；a_p 为背吃力量（mm）；f 为进给量（mm/r）。

影响切削力的因素很多，如工件的材料、切削用量和刀具几何角度等。

工件材料的强和硬度愈高，剪切屈服点愈高，切削力愈大。工件材料的塑性、韧性愈高，切屑不易切断，切屑与刀具之间的摩擦力愈大，切削力也愈大。

切削速度 v_c、进给量 f 和背吃刀量 a_p 对切削力的影响是不同的，切削速度 v_c 对切削力影响最小，一般可以不考虑。背吃刀量 a_p 和进给量 f 增大均使切削力 F_c 增大，但两者的影响程度不同。当背吃刀量 a_p 增大一倍时，切削力 F_c 也增大一倍，而进给量 f 增大一倍时，F_c 增大不到一倍，因此，从降低切削力的角度考虑，加大进给量 f 比加大背吃刀量 a_p 更有利。

刀具的前角 γ_0 增大，便切屑厚度压缩比 A_h 减小，即变形减小，则切削力 F_c 也减小。主偏角 k_r 增大，使切屑厚度压缩比 A_h 减小，切削力 F_c 也减小。$k_r = 60° \sim 75°$ 时，切削力 F_c 最小，但 k_r 角增大后，刀刃参加切削的长度减小，单位切削力增大，使切屑厚度压缩比 A_h 增大，又使切削力 F_c 增大。由于主偏角 k_r 增大，会使背向力 F_p 减小，进给力 F_f 增大，所以在车削细长轴时，为了减少背向力 F_p 的作用，防止工件产生变形和振动，可将 k_r 增大到 $90°$ 左右，使 F_p 趋近于零。

（二）切削热

在切削过程中，切削力所作的功几乎全部转换成热量，使切削区的温度升高，引起工件的热变形，其结果是影响工件的加工精度，加速了刀具磨损。

切削层金属由弹性变形和塑性变形而生成的热量大部分传给切屑，其小部分传给工件、刀具和周围介质。传给切屑的热量约占 58%～86%，传给工件的热量约占 9%～30%，传给刀具的热量约占 4%～10%，周围介质吸收的热量约占 1% 左右。生成的热量与传导的热量相等，可用下式表示：

$$Q_{生成} = Q_{切屑} + Q_{工件} + Q_{刀具} + Q_{介质}$$

切削温度的高低不但取决于生成热量的多少，还取决于散热条件。生成热量愈少，散热条件愈好，切削温度愈低。

工件材料的硬度、强度愈高，切削力愈大，消耗能量愈多，其产生的热量也就愈多，切削温度也会愈高。另外，如果工件的导热系数小，导热性差，其切削温度也高。

实践证明，切削用量 v_c、f、a_p 对切削温度的影响是不同的。切削速度 v_c 增大，使切削温度升高很快；增大背吃力量 a_p，切削温度略有提高，其原因是因为增大背吃刀量 a_p，使主切削刃参加工作的长度增加，增加了散热面积，散热条件改善；增大进给量 f，切削温度也会升高，但由于散热条件稍有改善，故比切削速度对切削温度的影响程度小些，比背吃力量对切削温度的影响大一些。

刀具前角 γ_0 增大，使切屑厚度压缩比 A_h、减小，切削力减小，功消耗少，切削温度降低，但随着前角 γ_0 增大，刀具的散热条件变差，前角 γ_0 增大到一定值后切削温度就不再降低了。主偏角 k_r 的增大，将使主切削刃参加工作的长度减小，散热面积减小，切削温度会略有上升。另外，合理地选用切削液，可以带走大量的热量，又能减小摩擦，使切削温度降低。

四、刀具磨损与刀具耐用度

（一）刀具磨损

在切削过程中，刀具在高温、高压和剧烈摩擦的作用下会产生严重磨损，其磨损形式分为非正常磨损和正常磨损两类。

非正常磨损是指刀具在切削过程中突然发生的磨损现象，如刀具突然崩刃、产生裂纹、刀片破碎及卷刃等，其产生的主要原因是因为刀具材料、刀具角度及切削用量选择不合理引起的。

正常磨损是指刀具在设计、制造与刃磨合乎要求与使用合理的情况下在切削过程中产生的磨损，其三种形式为后面磨损、前面磨损和前后面同时磨损。后面磨损程度用磨损高度 VB 表示，前面磨损程度用磨出的月牙洼深度 KT 和宽度 KB 表示，如图 2-16 所示。

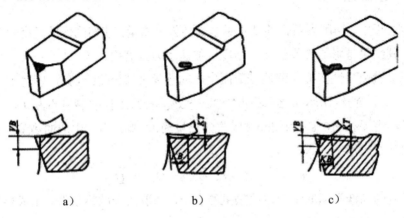

图 2-16　刀具正常磨损形式

a）后面磨损；b）前面磨损；c）前后面同时磨损

（二）刀具耐用度

刀具磨损到一定程度就不能继续使用了，应重新去磨刀，否则刀具的切削力、切削温度会急剧上升，产生振动与噪声，使工件表面粗糙度值增大，使刀具切削性能下降。刀具耐用度是指刀具由开始切削一直到达到磨钝标准为止的切削时间，用 T（min)表示，即刀具两次刃磨间的切削时间。刀具耐用度高低是衡量刀具切削性能好坏的重要标志，利用刀具耐用度来控制刀具磨损程度比用测量刀具磨损高度来判断是否达到磨钝标准要简便。

影响刀具耐用度的因素主要有工件材料、刀具材料和切削用量等，它们都是通过切削温度变化而影响刀具耐用度的，即切削温度升高，刀具耐用度下降。切削用量与刀具耐用度之间有着密切的关系，其中切削速度对刀具耐用度影响最大，进给量次之，影响最小的是背吃刀量 a_p。单位时间内切除的金属体积不变时，若切削速度增大一倍，则刀具耐用度下降到原来的 1/32；若进给量 f 增大一倍，则刀具耐用度下降到原来的 1/5；若背吃刀量 a_p 增大一倍，则刀具耐用度只下降到原来的 1/1.25。

第五节　车削加工技术的实际应用

一、车外圆、端面和台阶

工件外圆与端面的加工是车削中最基本的加工方法。

（一）工件在车床上的装夹方法

在车床上装夹工件的基本要求是定位准确、夹紧可靠。定位准确就是工件在机床或夹具中必须有一个正确位置，即车削的回转体表面中心应与车床主轴中心重合。夹紧可靠就是工件夹紧后能承受切削力，不改变定位并保证安全，且夹紧力适度以防工件变形，保证加工工件质量。在车床上常用三爪自定心卡盘、四爪单动卡盘、顶尖、中心架、跟刀架、心轴、花盘和弯板等附件来装夹工件，在成批大量生产中还可以用专用夹具来装夹工件。

1．用三爪自定心卡盘装夹工件

三爪自定心卡盘的结构如图 2-17a）所示。当用卡盘扳手转动小锥齿轮时，大锥齿轮随之转动，在大锥齿轮背面平面螺纹的作用下，使三个爪同时向中心移动或退出，以夹紧或松开工件。

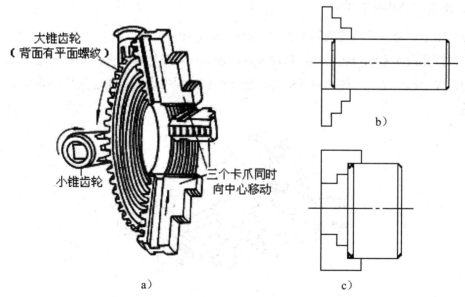

图 2-17　三爪自定心卡盘装夹工件

a）三爪自定心卡盘；b）正爪装夹；c）反爪装夹

三爪自定心卡盘对中性好，自动定心准确度为 0.05～0.15 m 。装夹直径较小的外圆表面情况如图 2-17b）所示，装夹较大直径的外圆表面时可以用三个反爪进行，如图 2-17c）

所示。

2．用四爪单动卡盘装夹工件

四爪单动卡盘外形如图 2-18a）所示，它的四个爪通过四个螺杆可独立移动，除装夹圆柱体工件外，还可以装夹方形、长方形等形状不规则的工件。装夹时，必须用划线盘或百分表进行找正，以使车削的回转体表面中心对准车床主轴中心。图 2-18b）所示为用百分表找正的方法，其精度可达 0.01 mm。

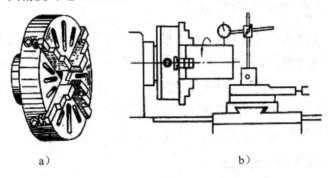

a）　　　　　　　　　　　　　　　　b）

图 2-18　四爪单动卡盘装夹工件

a）四爪单动卡盘；b）用百分表找正

3．用双顶尖装夹工件

在车床上常用双顶尖装夹轴类工件，如图 2-19 所示。前顶尖为普通顶尖（死顶尖），装在主轴锥孔内次主轴一起转动；后顶尖为活顶尖，装在尾座套筒内，其外壳不转动，顶尖芯与工件一起转动。工件利用其中心孔被顶在前后顶尖之间，通过拨盘和卡头随主轴一起转动。

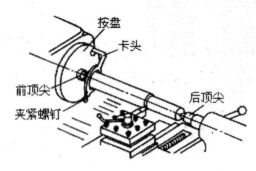

图 2-19　双顶尖装夹工件

顶尖的结构如图 2-20 所示，卡头的结构如图 2-21 所示。

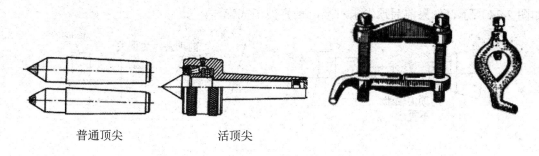

普通顶尖　　　　　　活顶尖

图 2-20　顶尖　　　　　　　　　　　　图 2-21　卡头

用中心架或跟刀架进行装夹工件，细长轴类工件常采用中心架或跟刀架进行车削，如图 2-22 所示。

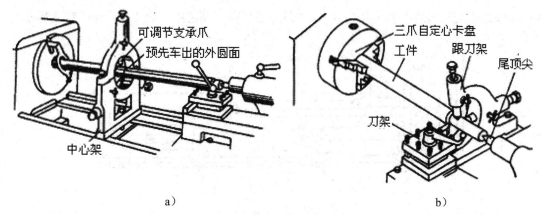

a)　　　　　　　　　　　　　　　　b)

图 2-22　中心架和跟刀架的应用

a）中心架的应用；b）跟刀架的应用

用双顶尖装夹轴类工件的步骤：

（1）车平两端面和钻中心孔。先用车刀把端面车平，再用中心钻钻中心孔。中心钻安装在尾座套筒内的钻夹头中，使之随套筒纵向移动钻削。中心钻和中心孔的形状如图 2-23 所示。中心孔 60°锥面与顶尖锥面配合支承，B 型 120°锥面是保护锥面，以防 60°锥面被碰坏而影响定位精度。

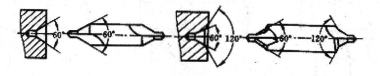

图 2-23　中心钻与中心孔

（2）安装和校正顶尖。安装时，顶尖尾部锥面、主轴内锥孔和尾座套筒锥孔必须擦净，然后把顶尖用力推入锥孔内。校正时，可调整尾座横向位置，使前后顶尖对准为止，如图 2-24 所示，如果前后顶尖未对准，轴将被车成锥体。

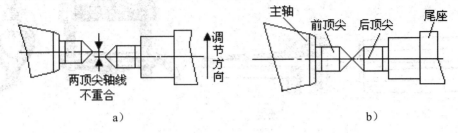

图 2-24　校正顶尖

a）调整双顶尖轴线；b）调整后双顶尖轴线重合

（3）安装拨盘和工件。首先擦净拨盘的内螺纹和主轴端的外螺纹，然后拨盘拧在主轴上，再把轴的一端装上卡头并拧紧卡头螺钉，最后在双顶尖中安装工件，如图 2-25 所示。

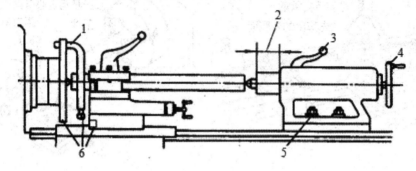

图 2-25　安装工件

1-拧紧卡头；2-调整套筒伸出长度；3-锁紧套筒；4-调节工件顶尖松紧；

5-将尾座固定；6-刀架移至车削行程左端，用手转动拨盘，检查是否会碰撞

（二）车外圆

将工件车削成圆柱形外表面的方法称为车外圆，车外圆的几种情况如图 2-26 所示。

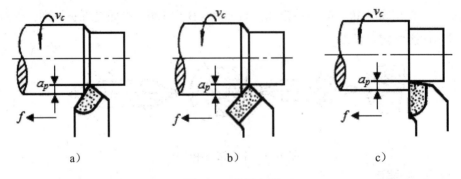

图 2-26　外圆车削

a）尖刀车外圆；b）弯头刀车外圆；c）偏刀车外圆

车削方法一般采用粗车和精车两个步骤：

（1）粗车。粗车的目的是尽快地从工件上切去大部分加工余量，使工件接近最后的形状和尺寸。粗车要给精车留有适当的加工余量，其精度和表面粗糙度要求并不高，因此粗车的目的是提高生产率。为了保证刀具耐用及减少刃磨次数，粗车时，要先选用较大的背吃力量，其次根据可能，适当加大进给量，最后选取合适的切削速度。粗车刀一般选用尖头刀或弯头刀。

（2）精车。精车的目的是切去粗车给精车留下的加工余量，以保证零件的尺寸公差和表面粗糙度。精车后工件尺寸公差等级可达 IT7 级，表面粗糙度值可达 $Ra = 1.6\ \mu m$。对于尺寸公差等级和表面粗糙度要求更高的表面，精车后还需进行磨削加工。在选择切削用量时，首先应选取合适的切削速度（高速或低速），再选取进给量（较小），最后根据工件尺寸来确定背吃力量。

（3）采用试切法切削。试切法就是通过试切—测量—调整—再试切反复进行的方法使工件尺寸达到符合要求为止的加工方法。由于横向刀架丝杠及其螺母螺距与刻度盘的刻线均有一定的制造误差，仅按刻度盘定吃力量难以保证精车的尺寸公差，因此，需要通过试切来准确控制尺寸。此外，试切也可防止进错刻度而造成废品。图 2-27 所示为车削外圆工件时的试切方法与步骤。

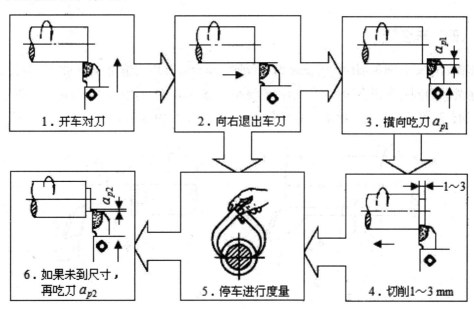

图 2-27　试切方法与步骤

（三）车端面

对工件端面进行车削的方法称为车端面。车端面采用端面车刀，当工件旋转时，移动床鞍（或小滑板）控制吃力量，横滑板横向走刀便可进行车削，图 2-28 为端面车削时的几种情形。

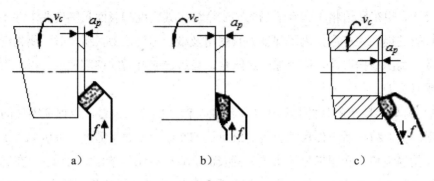

图 2-28　车端面

a）弯头车刀车端面；b）偏刀向中心走刀车端面；c）偏刀向外走刀车端面

车端面时应注意：刀尖要对准工件中心，以免车出的端面留下小凸台。由于车削时被切部分直径不断变化，从而引起切削速度的变化，所以车大端面时要适当调整转速，使车刀在靠近工件中心处的转速高些，靠近工件外圆处的转速低些。车后的端面不平整是由于车刀磨损或吃力量过大导致床鞍移动造成的。因此要及时刃磨车刀并可将移置床鞍紧固在床身上。

（四）车台阶

车削台阶处外圆和端面的方法称为车台阶。车台阶常用主偏角 $k_r \geqslant 90°$ 的偏刀车削，在车削外圆的同时车出台阶端面。台阶高度小于 5 mm 时可用一次走刀切出，高度大于 5 mm 的台阶可用分层法多次走刀后再横向切出，如图 2-29 所示。

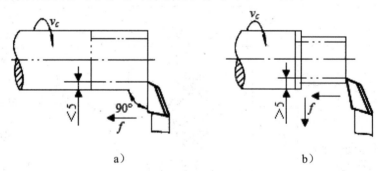

图 2-29　车台阶

a）一次走刀；b）多次走刀

二、切槽和切断

（一）切槽

在工件表面上车削沟槽的方法称为切槽。用车削加工的方法所加工出槽的形状有外槽、内槽和端面槽等，如图 2-30 所示。

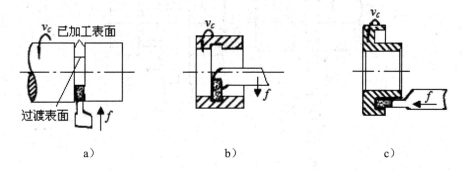

图 2-30　切槽的形状

a）切外槽；b）切内槽；c）切端面槽

轴上的外槽和孔的内槽均属退刀槽。退刀槽的作用是车削螺纹或进行磨削时便于退刀，否则该工件将无法加工，同时，在轴上或孔内装配其他零件时，也便于确定其轴向位置。端面槽的主要作用是为了减轻重量，其中有些槽还可以卡上弹簧或装上垫圈等，其作用要根据零件的结构和使用要求而定。

（1）切槽刀的角度及安装。轴上槽要用切槽刀进行车削，切槽刀的几何形状和角度如图 2-31a）所示。安装时，刀尖要对准工件轴线，主切削刃平行于工件轴线，两侧副偏角一定要对称相等（1°～2°），两侧刃副后角也需对称（0.5°～1°），切不可一侧为负值，以防刮伤槽的端面或折断刀头)，切槽刀的安装如图 2-31b）所示。

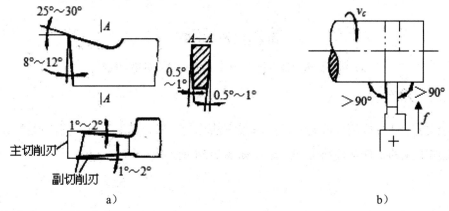

图 2-31　切槽刀及安装

a）切槽刀；b）安装

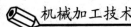

（2）切槽的方法。切削宽度在 5 mm 以下的窄槽时，可采用主切削刃的宽度等于槽宽的切槽刀，在一次横向进给中切出。切削宽度在 5 mm 以上的宽槽时，一般采用先分段横向粗车，如图 2-32a）所示。在最后一次横向切削后，再进行纵向精车的加工方法，如图 2-32b）所示。

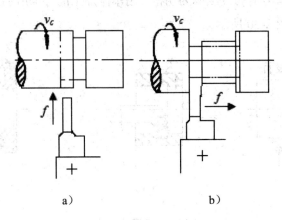

图 2-32　切宽槽

a）横向粗车；b）精车

（3）切槽的尺寸测量。槽的宽度和深度测量采用卡钳和钢直尺配合测量，也可用游标卡尺和千分尺测量。图 2-33 所示为测量外槽时的情形。

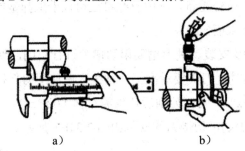

图 2-33　测量外槽

a）用游标卡尺测且槽宽；b）用千分尺测量槽的底径

（二）切断

把坯料或工件分成两段或若干段的车削方法称为切断，其主要用于圆棒料按尺寸要求下料或把加工完的工件从坯料上切下来，如图 2-34 所示。

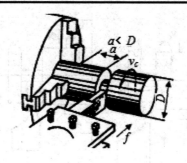

图 2-34　切断

1. 切断刀

切断刀与切槽刀形状相似，其不同点是刀头窄而长、容易折断，因此，用切断刀也可以切槽，但不能用切槽刀来切断。

切断时，刀头伸进工件内部，散热条件差，排屑困难，易引起振动，如不注意刀头就会折断，因此，必须合理地选择切断刀。切断刀的种类很多，按材料可分为高速钢和硬质合金两种：按结构又分为整体式、焊接式和机械夹固式等几种。通常为了改善切削条件，常用整体式高速钢切断刀进行切断，图 2-35 所示为高速钢切断刀的几何角度。图 2-36 所示为弹性切断刀，在切断过程中，这种刀可以减少产生的振动和冲击，提高切断的质量和生产率。

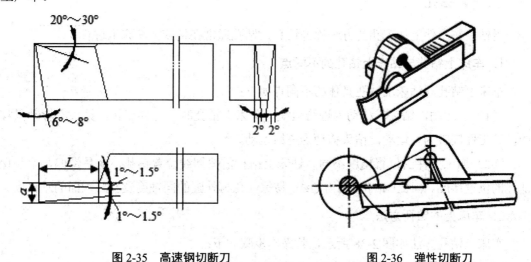

图 2-35　高速钢切断刀　　　　　　图 2-36　弹性切断刀

2. 切断方法

常用的切断方法有直进法和左右借刀法两种，如图 2-37 所示。直进法常用于切削铸铁等脆性材料，左右借刀法常用切削钢等塑性材料。

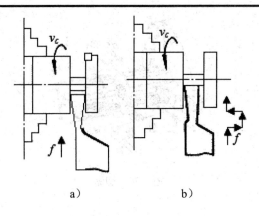

图 2-37 切断方法

a）直进法；b）左右借刀法

3．切削用量

切削速度不宜过高或过低，一般 $v_c \approx 60$ m/min（外圆处）。手动进给切断时，进给要均匀，机动进给切断时，进给量 $f = 0.05 \sim 0.15$ mm/r。

三、钻孔和车内圆

（一）钻孔

用钻头在工件上加工孔的方法称为钻孔，钻孔通常在钻床或车床上进行。

1．车床上钻孔与钻床上钻孔的不同点

车床上钻孔与钻床上钻孔具体的不同点如下：

（1）主运动，钻头的移动为进给运动。车床上钻孔时，工件旋转，钻头不转动只移动，其工件旋转为主运动，钻头移动为进给运动。

（2）加工工件的位置精度不同。钻床上钻孔需按划线位置钻孔，孔易钻偏，不易保证孔的位置精度。车床上钻孔，不需划线，易保证孔与外圆的同轴度及孔与端面的垂直度。

2．车床上的钻孔方法

车床上钻孔方法如图 2-38 所示，其操作步骤如下：

（1）车端面。钻中心孔以便于钻头定心，可防止孔钻偏。

（2）装夹钻头。锥柄钻头直接装在尾座套筒的锥孔内，直柄钻头要装在钻夹头内，然后把钻夹头装在尾座套筒的锥孔内，应注意要擦净后再装入。

（3）调整尾座位置。松开尾座与床身的紧固螺栓螺母，移动尾座至钻头能进给到所需长度时，固定尾座。

（4）开车钻削。尾座套筒手柄松开后（但不宜过松），开动车床，均匀地摇动尾座套筒手轮进行钻削。刚接触工件时进给要慢些，切削中要经常退回，钻透时进给也要慢些，退出钻头后再停车。

（5）钻不通孔时要控制孔深。可先在钻头上利用粉笔划好孔深线再钻削的方法控制孔深，也还可用钢直尺或深度尺测量孔深的方法控制孔深。

钻孔的精度较低，尺寸公差等级在 ITlO 级以下，表面粗糙度值 $R_a = 6.3\ \mu m$，因此，钻孔往往是车孔和镗孔、扩孔和铰孔的预备工序。

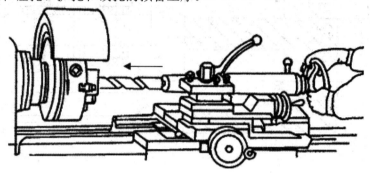

图 2-38　车床上钻孔

（二）车内圆

1. 车内圆的方法

车内圆的方法如图 2-39 所示，其中图 2-39a)所示为用通孔内圆车刀车通孔，图 2-39b）所示为用不通孔内圆车刀车不通孔。车内圆与车外圆的方法基本相同，都是通过工件转动及车刀移动的方法从毛坯上切去一层多余金属。在切削过程中也要分粗车和精车，以保证孔的加工质量。

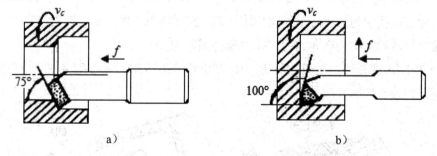

图 2-39　车内圆

a）车通孔；b）车不通孔

车内圆与车外圆的方法虽然基本相同，但在车内圆时需注意以下几点：

（1）内圆车刀的几何角度。通孔内圆车刀的主偏 $k_r = 45° \sim 75°$，副偏角 $k_r' = 20° \sim 45°$。不通孔内圆车刀主偏角 $k_r \geqslant 90°$，其刀尖在刀杆的最前端，刀尖到刀杆背面的距离只能小于孔径的一半，否则将无法车平不通孔的底平面。

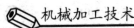

（2）内圆车刀的安装。刀尖应对准工件的中心。由于吃刀方向与车外圆相反，故粗车时可略低，使工作前角增大以便于切削；精车时刀尖略高一点，使其后角增大而避免产生扎刀。车刀伸出方刀架的长度尽量缩短，以免产生振动，但不得小于工件孔深加上3～5 mm 的总长度，如图 2-40 所示。

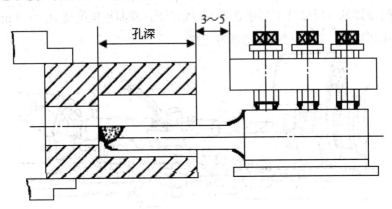

图 2-40　内圆车刀的安装

刀具轴线应与主轴平行，刀头可略向操作者方向偏斜。开车前应先用车刀在孔内手动试走一遍，确认没有任何障碍妨碍车刀工作后，再开车切削。

（3）切削用量的选择。车内圆时，因刀杆细、刀头散热条件差且排屑困难，易产生振动和让刀，故所选择的切削用量要比车外圆时小些，其调整方法与车外圆相同。

（4）试切法。车内圆与车外圆的试切方法基本相同，其试切过程是：开车对刀→纵向退刀→横向吃刀→纵向切削 3～5 mm→纵向退刀→停车测量。如果试切已满足尺寸公差要求，可纵向切削，如未满足尺寸公差要求，可重新横向吃刀来调整背吃力量，再试切直至满足尺寸公差要求为止。与车外圆相比，车内圆横向吃刀时，其逆时针转动手柄为横向吃刀，顺时针转动手柄为横向退刀，即与车外圆时相反。

（5）控制内圆孔深。如图 2-41 所示，可用粉笔在刀杆上划出孔深长度记号来控制孔深，也可用铜片来控制孔深。

图 2-41　控制车内圆孔深度的方法

a）用粉笔划长废记号；b）用铜片控制孔深

由于车内圆时的工作条件比车外圆差，所以车内圆的精度较低，一般尺寸公差等级为 IT8～IT7 级，表面粗糙度值 R_a＝3.2～1.6 μm。

2．内圆的测量方法

内卡钳和钢直尺都可测量内圆直径，但一般常用游标卡尺测量内圆直径和孔深。对于精度要求高的内圆直径可用内径千分尺或内径百分表测量，如图 2-42 就是用内径百分表测量内圆直径的实例。对于大批量生产的工件，其内圆直径可用塞规测量。

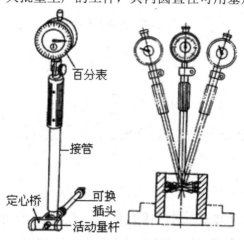

图 2-42　内径百分表测量孔径

四、车圆锥

将工件车削成圆锥表面的方法称为车圆锥。

（一）圆锥的种类及作用

圆锥按其用途分为一般用途圆锥和特殊用途圆锥两类。一般用途圆锥的圆锥角 α 较大时，圆锥角可直接用角度表示，如 30°、45°、60°、90° 等；圆锥角较小时用锥度 C 表示，如 1：5、1：10、1：20、1：50 等。特殊用途圆锥是根据某种要求专门制定的，如 7：24、莫氏锥度等。圆锥按其形状又分为内圆锥和外圆锥。

圆锥面配合不但拆卸方便，还可以传递转矩，经多次拆卸仍能保证准确的定心作用，所以应用很广。例如，顶尖和中心孔的配合圆锥角 α＝60°，易拆卸零件的锥面锥度 C＝1：5，工具尾柄锥面锥度 C＝1：20，机床主轴锥孔锥度 C＝7：24，特殊用途圆锥应用于纺织和医疗等行业等等。

（二）圆锥各部分名称、代号及计算公式

圆锥体和圆锥孔的各部分名称、代号及计算公式均相同，圆锥体的主要尺寸如图 2-43 所示。

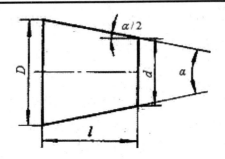

图 2-43　锥体主要尺寸

$$锥度\ C=\frac{D-d}{l}=2\tan\frac{\alpha}{2}$$

$$斜度\ S=\frac{D-d}{2l}=\tan\frac{\alpha}{2}$$

式中：α 为圆锥的锥角，$\alpha/2$ 为圆锥半角；l 为锥面轴向长度（mm）；D 为锥面大端直径（mm）；d 为锥面小端直径（mm）。

（三）车圆锥的方法

车圆锥的方法很多，主要有小滑板转位法，偏移尾座法，宽刃车刀车削法及靠模法等。除宽刃车刀车削法外，其他几种车圆锥的方法都是使刀具的运动轨迹与工件轴线相交成圆锥半角 $\alpha/2$，操作后即可加工出所需的圆锥体。

1．小滑板转位法

根据工件的锥度 C 或圆锥半角 $\alpha/2$，将小滑板转过 $\alpha/2$ 角并将其紧固，然后摇动小滑板进给手柄，便车刀沿圆锥面的母线移动即可车出所需的锥面，如图 2-44 所示。

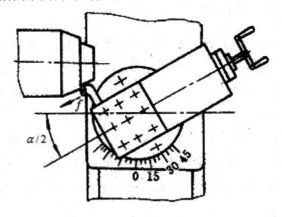

图 2-44　小滑板转位车圆锥

2．偏移尾座法

根据工件的锥度 C 或圆锥半角 $\alpha/2$，将尾座顶尖偏移一个距离 s，使工件旋转轴线与车床主轴轴线的交角等于圆锥半角 α/2，然后车刀纵向机动进给，即可车出所需的锥面，如图 2-45 所示。

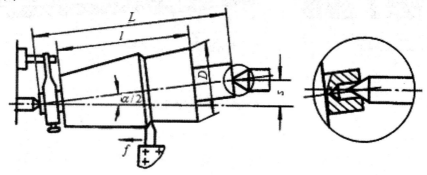

图 2-45　偏移尾座法车锥面

尾座偏移量 S 的计算：

$$S = L \times \frac{C}{2} = L \times \frac{D-d}{2} = L \mathrm{tg} \frac{a}{2}$$

式中：L 为工件长度。

偏移尾座法能加工较长工件上的锥面，并能机动纵向进给切削，但不能加工锥孔，一般圆锥半角不能太大，即 α/2＜8°，其常用于单件或成批生产。成批生产时，应能保证工件的总长及中心孔的深度一致，否则在相同偏移量下会出现锥度误差而影响加工质量。

（四）圆锥面工件的测量

圆锥面的测量主要是测量圆锥半角（或圆锥角）和锥面尺寸。

1. 圆锥角度的测量

调整车床并试切后，需测量锥面的角度是否正确，如不正确，需重新调整车床，再试切直至测量的锥面角度符合图样要求为止，才可进行正式车削。测量时，常用以下两种方法测量锥面角度：

（1）用锥形套规或锥形塞规测量。锥形套规用于测量外锥面，锥形塞规用于测量内锥面。测量时，先在套规或塞规的内外锥面上涂上显示剂，再与被测锥面配合，转动量规，拿出量规观察显示剂的变化。如果显示剂摩擦均匀，说明圆锥接触良好，锥角正确；如果套规的小端擦着，大端没有擦着，说明圆锥角小了（塞规与此相反），要重新调整车床重新车削。锥形套规与锥形塞规如图 2-46 所示。

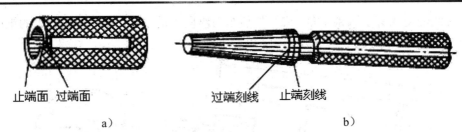

图 2-46　锥形套规与锥形塞规

a）锥形套规；b）锥形塞规

（2）万能游标量角器测量。用万能游标量角器测量工件的角度的方法如图 2-47 所示，这种方法测量角度范围大，测量精度为 $5'\sim2'$。

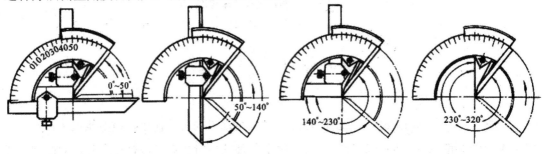

图 2-47　万能游标量角器测量锥度

2．锥面尺寸的测量

锥角达到图样要求后，再进行锥面长度及其大小端的车削。常用锥形套规测量外锥面的尺寸，如图 2-48 所示；用锥形塞规测量内锥面的尺寸，如图 2-49 所示。另外，还可用游标卡尺测量锥面的大端或小端的直径来控制锥体的长度。

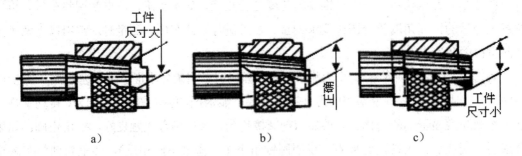

图 2-48　锥形套规测量外锥面尺寸

a）工件尺寸大；b）正确；c）工件尺寸小

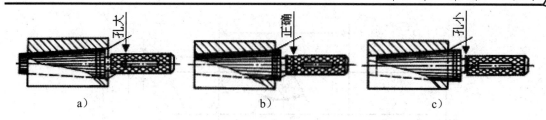

图 2-49　锥形塞规测量内锥面尺寸

a）孔大；b）正确；c）孔小

五、车螺纹

将工件表面车削成螺纹的方法称为车螺纹。

螺纹的种类很多，应用很广。常用螺纹按用途可分为连接螺纹和传动螺纹两类，前者起连接作用（螺栓与螺母），后者用于传递运动和动力（丝杠与螺母），其分类如下：

$$
螺纹
\begin{cases}
连接螺纹 \begin{cases} 普通螺纹 \\ 管螺纹 \end{cases} \\
\\
传动螺纹 \begin{cases} 梯形螺纹 \\ 方形螺纹 \\ 锯齿形螺纹 \end{cases}
\end{cases}
$$

各种螺纹按其使用性能的不同又可分为左旋或右旋螺纹、单线或多线螺纹、内螺纹或外螺纹。

（一）普通螺纹的各部分名称及基本尺寸

普通螺纹牙型都为三角形，故又称三角形螺纹。

图 2-50 标注了三角形螺纹各部分的名称及代号。螺距用 P 表示，牙型角用 α 表示，其他各部分名称及基本尺寸如下：

螺纹大径（公称直径）　　　D（d）

螺纹中径　　　　　　　　　D_2（d_2）$=$（d）$-0.649P$

螺纹小径　　　　　　　　　D_1（d_1）$=$（d）$-1.082P$

原始三角形高度　　　　　　$H =0.866P$

式中：D 为内螺纹直径（不标下角者为大径，标下角"1"为小径，标下角"2"为中径）；d 为外螺纹直径（不标下角者为大径，标下角"1"为小径，标下角"2"为中径）。

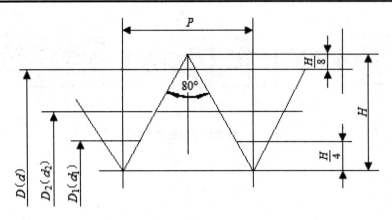

图 2-50　普通螺纹各部分名称

决定螺纹的基本要素有三个：

（1）牙型角 α。它是螺纹轴向剖面内螺纹两侧面的夹角，普通螺纹 $\alpha=60°$，管螺纹 $\alpha=55°$。

（2）螺距 P。它是沿轴线方向上相邻两牙间对应点的距离，普通螺纹的螺距用 P（mm）表示，管螺纹用 25.4 mm 上的牙数 n 表示，螺距 P 与 n 的关系为：

$$P=\frac{25.4}{n}\ \text{mm}$$

（3）螺纹中径 D_2（d_2）。它是平分螺纹理论高度 H 的一个假想圆柱体的直径。在中径处螺纹的牙厚和槽宽相等。只有内外螺纹中径都一致时，两者才能很好地配合。

螺纹必须满足上述基本要素的要求。

（二）螺纹车刀及其安装

（1）螺纹车刀的几何角度。如图 2-51 所示，车三角形普通螺纹时，车刀的刀尖角等于螺纹牙型角 $\alpha=60°$，车三角形管螺纹时，车刀的刀尖角 $\alpha=55°$，并且其前角 $\gamma_0=0°$ 才能保证工件螺纹的牙型角，否则牙型角将产生误差。在粗加工时或螺纹精度要求不高时，其前角 $\gamma_0=5°\sim20°$。

（2）螺纹车刀的安装。如图 2-52 所示，刀尖对准工件的中心，并用样板对刀，以保证刀尖角的角平分线与工件的轴线相垂直，这样车出的牙型角才不会偏斜。

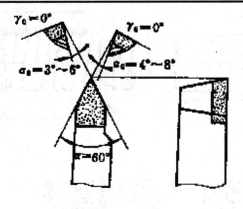

图 2-51 螺纹车刀的几何角度

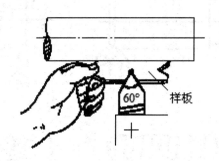

图 2-52 用样板对刀

（三）车床的调整

车螺纹时，必须满足的运动关系是：工件每转过一转时，车刀必须准确地移动一个工件的螺距或导程（单线螺纹为螺距，多线螺纹为导程），其传动路线简图如图 2-53 所示。上述传动关系可通过调整车床来实现，即首先通过手柄把丝杠接通，再根据工件的螺距或导程，按进给箱标牌上所示的手柄位置来变换配换齿轮（挂轮）的齿数及各进给变速手柄的位置，这样就完成了车床的调整。

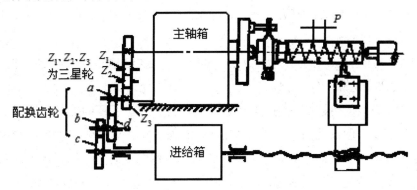

图 2-53 车螺纹时的传动

车右螺纹时，三星轮变向手柄调整在车右螺纹的位置上；车左螺纹时，变向手柄调整在车左螺纹的位置上。这种操作的目的是改变刀具的移动方向，即刀具移向床头时为车右螺纹，移向床尾时为车左螺纹。

（四）车螺纹的方法与步骤

以车削外螺纹为例来说明车螺纹的方法与步骤，如图 2-54 所示。这种方法称为正反车法，适于加工各种螺纹。

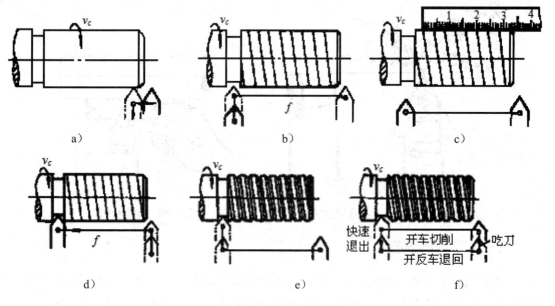

图 2-54　螺纹的车削方法与步骤

a）开车，使车刀与工件轻微接触，退到工件右端，记下刻度盘读数，向右退出车刀；

b）合上开合螺母，在工件表面上一条螺旋线，横向退出车刀；

c）开反车把车刀退到工件右端，停车，用钢直尺检查螺距是否正确

d）利用刻度盘调整背吃力量；

e）车刀将至行程终了时，应做好退刀停车准备，先快速退出车刀，然后开反车退回刀架；

f）再次横向吃刀，继续切削。

　　另一种加工螺纹的方法是抬闸法，也就是利用开合螺母手柄的抬起或压下来车削螺纹。这种方法操作简单，但易乱扣，只适于加工工件螺距是机床丝杠螺距整数倍的螺纹。这种方法与正反车法的主要不同之处是车刀行至终点时，横向退刀后不用开反车纵向退刀，只要抬起开合螺母手柄使丝杠与螺母脱开，然后手动纵向退回，即可再吃刀车削。

　　车内螺纹的方法与车外螺纹基本相同，只是横向进给手柄的进退刀转向不同而已。对于直径较小的内、外螺纹可用丝锥或板牙攻出。

（五）螺纹的测量

　　螺纹的测量主要是测量螺距、牙型角和螺纹中径。由于螺距是由车床的运动关系来保证的，所以用钢直尺测量即可。牙型角是由车刀的刀尖角以及正确的安装方法来保证的，一般用样板测量，也可用螺距规同时测量螺距和牙型角，如图 2-55 所示。螺纹中径常用螺纹千分卡尺测量，如图 2-56 所示。

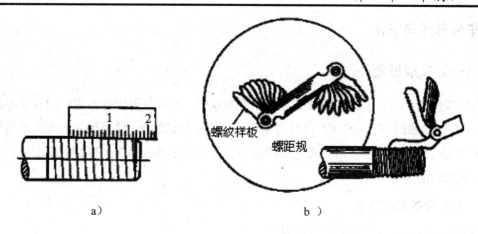

a）　　　　　　　　　　　　　　b ）

图 2-55　测量螺距和牙型角

a）用钢直尺测量；b）用螺距规测量

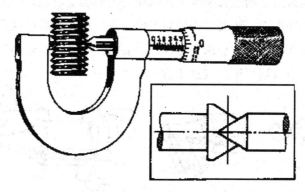

图 2-56　测量螺纹中径

在成批大量生产中，多用图 2-57 所示的螺纹量规进行综合测量。

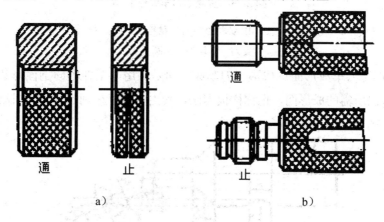

图 2-57　螺纹量规

a）螺纹环规（测外螺纹）；b）螺纹塞规（测内螺纹）

六、车成形面与滚花

（一）车成形面

有些零件如手柄、手轮及圆球等，为了使用方便、美观且耐用等，它们的表面不是平直的，而要做成曲面；有些零件如材料力学实验用的拉伸试验棒、轴类零件的连接圆弧等，为了使用上的某种特殊要求需把表面做成曲面。上述的这种具有曲面形状的表面被称为成形面（或特形面）。

1. 成形面的车削方法

成形面的车削方法主要有下面几种：

（1）用普通车刀车削成形面。用普通车刀车削成形面也称为双手摇法，它是靠双手同时摇动纵向和横向进给手柄进行车削的，以使刀尖的运动轨迹符合工件的曲面形状。车削时所用的刀具是普通车刀，还要用样板对工件反复度量，最后用锉刀和砂布修整，使工件达到尺寸公差和表面粗糙度的要求。这种方法要求操作者具有较高技术，但不需特殊工具和设备，在生产中被普遍采用，其加工方法如图 2-58 所示。

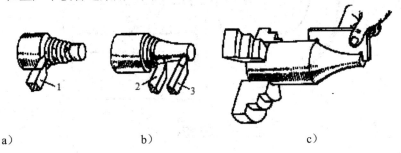

a)　　　　　　　　b)　　　　　　　　c)

图 2-58　普通车刀车成形面

a）粗车台阶；b）用双手控制粗、精轮廓；c）用样板测量

1-尖刀；2-偏刀；3-圆弧刀

（2）成形车刀车成形面。成形车刀车成形面是利用与工件轴向剖面形状完全相同的成形车刀来车出所需的成形面，也称样板刀法，其主要用于车削尺寸不大且要求不太精确的成形面，如图 2-59 所示。

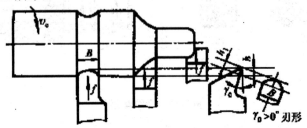

图 2-59　成形车刀车成形面

（3）靠模法车成形面。靠模法车成形面是利用刀尖的运动轨迹与靠模（板或槽）的形状完全相同的方法车出成形面。图 2-60 为加工手柄的成形面时的工作过程，即横滑板（中滑板）已经与丝杠脱开，由于其前端的拉杆上装有滚柱，所以当床鞍纵向走刀时，滚柱即在靠模的曲线槽内移动，从而使车刀刀尖的运动轨迹与曲线槽形状相同，在此同时用小滑板控制背吃力量，即可车出手柄的成形面。这种方法操作简单，生产率高，多用于大批量生产。当靠模为斜槽时，该方法可用于车削锥体。

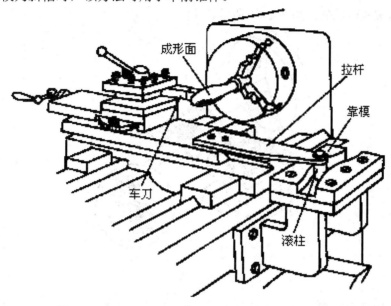

图 2-60　靠模法车成形面

2. 车成形面所用的车刀

用普通车刀车成形面时，粗车刀的几何角度与普通车刀完全相同。精车刀是圆弧车刀，主切削刃是圆弧刃，半径应小于成形面的圆弧半径，所以圆弧刃上各点的偏角是变化的，其后面也是圆弧面，主切削刃上各点后角不宜磨成相等的角度，一般 $\alpha = 6° \sim 12°$。由于切削刃是弧刃，切削时接触面积大，易产生振动，所以要磨出一定的前角，一般 $\gamma_0 = 10° \sim 15°$，以改善切削条件。

用成形车刀车成形面时，粗车也采用普通车刀车削，形状接近成形面后，再用成形车刀精车。刃磨成形车刀时，用样板校正其刃形。当刀具前角 $\gamma_0 = 0°$ 时，样板的形状与工件轴向剖面形状一致；当 $\gamma_0 > 0°$ 时，样板的形状不是工件轴向剖面形状（如图 2-60 所示），而是随着前角的变化其样板的形状也变化。因此，在单件小批生产中，为了便于刀具的刃磨和样板的制造，防止产生加工误差，常选用 $\gamma_0 = 0°$ 的成形车刀进行车削，而在大批大量生产中，为了提高生产率和防止产生加工误差，需用专门设计 $\gamma_0 > 0°$ 的成形车刀进行车削。

（二）滚花

用滚花刀将工件表面滚压出直线或网纹的方法称为滚花。

1. 滚花表面的用途及加工方法

各种工具和机械零件的手握部分，为了便于握持防止打滑以及美观，常常在表面上滚压出各种不同的花纹，如千分尺的套管，铰杠扳手及螺纹量规等。这些花纹一般都是在车床上用滚花刀滚压而成的，如图 2-61 所示。

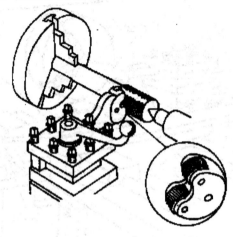

图 2-61　滚花

滚花的实质是用滚花刀对工件表面挤压，使其表面产生塑性变形而形成花纹，因此滚花后的外径比滚花前的外径增大 0.02~0.5 mm。滚花时切削速度要低些，一般还要充分供给切削液，以免研坏滚花刀和防止产生乱纹。

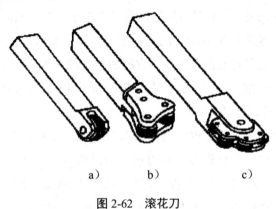

a）　　　　　b）　　　　　c）

图 2-62　滚花刀

a）单轮滚花刀；b）双轮滚花刀；c）三轮滚花刀

2. 滚花刀的种类

滚花刀按花纹的式样分为直纹和网纹两种，其花纹的粗细决定于不同的滚花轮。滚花刀按滚花轮的数量又可分为单轮、双轮和三轮三种，如图 2-62 所示，其中最常用的是网纹式双轮滚花刀。

本章小结

　　本章主要介绍了车削加工技术概述， 卧式车床，车刀，车削中的物理现象，车削加工技术的实际应用。

　　本章的主要内容有车削特点及加工范围；切削用量；卧式车床的型号、组成部分、作用和传动；车刀的种类、用途、组成；车刀的几何角度及其作用；车刀的材料；实习操作；操作要点；切屑；积屑瘤；切削力和切削热；刀具磨损与刀具耐用度；车外圆、端面和台阶；切槽和切断；钻孔和车内圆；车圆锥；车螺纹和车成形面与滚花，通过对本章的学习，读者可以了解车削的特点及加工范围；了解卧式车床的型号、组成及作用；了解车刀的种类、用途及组成；掌握车刀的几何角度及其作用；掌握车削中的物理现象；掌握车削加工技术的实际应用。

练习题

1. 车削工作的特点是什么？
2. 卧式车床是由哪些部分组成的？
3. 车刀的切削部分是由什么组成的？
4. 简述切屑是怎样产生的。
5. 车外圆，精车时为了保证工件的尺寸精度和减小粗糙度可采取哪些措施？
6. 车圆锥的方法由哪些？

第三章　铣削加工技术

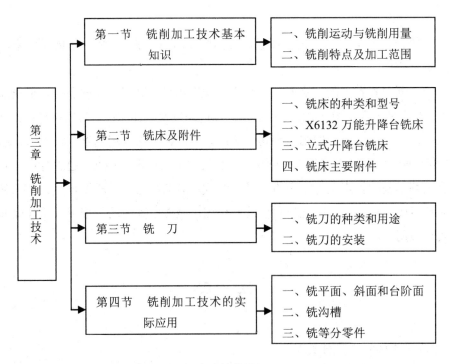

本章结构图

【学习目标】

➢ 了解铣削运动、用量、特点及加工范围；

➢ 了解铣床的种类和型号；

➢ 了解 X6132 万能升降台铣床；

➢ 了解立式升降台铣床；

➢ 了解铣床的主要附件；

➢ 了解铣刀的种类和用途；

➢ 掌握铣刀的安装；

➢ 掌握铣削加工技术的实际应用。

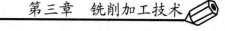

第一节　铣削加工技术基本知识

在铣床上用旋转的铣刀切削工件上各种表面或沟槽的方法称为铣削，铣削是金属切削加工中常用的方法之一。

一、铣削运动与铣削用量

铣削运动有主运动和进给运动，铣削用量有切削速度、进给量、背吃刀量和侧吃刀量，如图 3-1 所示。

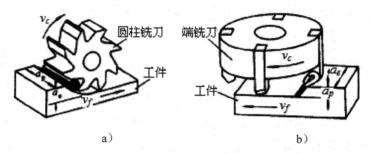

图 3-1　铣削运动及铣削用量

a）在卧铣上铣平面；b）往龙铣上铣平面

（1）主运动及切削速度（v_c）。铣刀的旋转运动是主运动。切削刃的选定点相对工件的主运动的瞬时速度称为切削速度，可用下式计算：

$$v_c = \frac{\pi D n}{1\ 000}\ \text{m/min} = v_c = \frac{\pi D n}{1\ 000 \times 60}\ \text{m/s}$$

式中：D 为铣刀直径（mm）；n 为铣刀每分钟转速（r/min）。

（2）进给运动及进给量。工件的移动是进给运动。铣削进给量有下列三种表示方法。

① 进给速度（v_f）。进给速度是指每分钟内铣刀相对于工件的进给运动的瞬时速度，单位为 mm/min，也称为每分钟进给量。

② 每转进给量（f）。它是指铣刀每转过一转时，铣刀在进给运动方向上相对于工件的位移量，单位为 mm/r。

③ 每齿进给量（f_z）。它是指铣刀每转过一个齿时，铣刀在进给运动方向上相对于工件的位移量，单位为 mm/z。

三种进给量之间的关系如下：

$$v_f = f_n = f_z z n$$

式中：n 为铣刀每分钟转速（r/min）；z 为铣刀齿数。

（3）背吃刀量 a_p。背吃刀量是指平行于铣刀轴线测量的切削层尺寸，单位为 mm。

周铣时是已加工表面宽度，端铣时是切削层深度。

（4）侧吃刀量 a_e 侧吃刀量是指垂直于铣刀轴线测量的切削层尺寸，单位为 mm。周铣时是切削层深度，端铣时是已加工表面宽度。

二、铣削特点及加工范围

（一）铣削特点

铣削时由于铣刀是旋转的多齿刀具，刀齿能实现轮换切削，因而刀具的散热条件好，可以提高切削速度。此外由于铣刀的主运动是旋转运动，故可提高铣削用量和生产率。但另一方面由于铣刀刀齿的不断切入和切出，使切削力不断地变化，因此易产生冲击和振动。铣刀的种类很多，铣削的加工范围也很广。

（二）铣削加工范围

铣削主要用于加工平面如水平面、垂直面、台阶面及各种沟槽表面和成形面等。另外也可以利用万能分度头进行分度件的铣削加工，也可以对工件上的孔进行钻削或镗削加工。常见的铣削加工如图 3-2 所示。

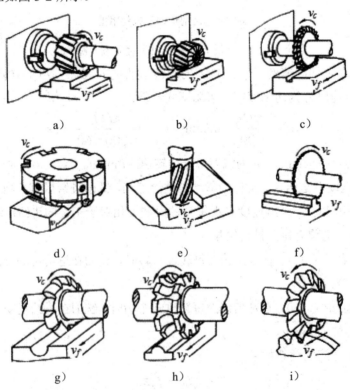

a)　　　　　　　　b)　　　　　　　　c)

d)　　　　　　　　e)　　　　　　　　f)

g)　　　　　　　　h)　　　　　　　　i)

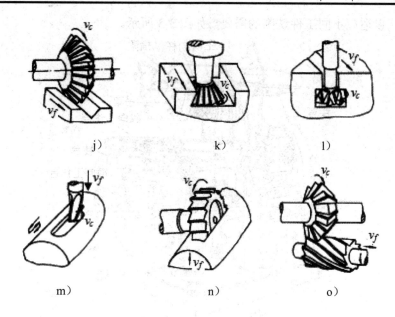

图 3-2 铣削加工举例

a）圆柱形铣刀铣平面；b）套式面铣刀铣台阶面；c）三面刃铣刀铣直角槽；d）端铣刀铣平面；

e）立铣刀铣凹平面；f）锯片铣刀切断；g）凸半圆铣刀铣凹圆弧面；h）凹半圆铣刀铣凸圆弧面；

i）齿轮铣刀铣齿轮；j）角度铣刀铣 V 形槽；k）燕尾槽铣刀铣燕尾槽；l）T 形槽铣刀铣 T 形槽；

m）键槽铣刀铣键槽；n）半圆键槽铣刀铣半圆键槽；o）角度铣刀铣螺旋槽

第二节　铣床及附件

一、铣床的种类和型号

铣床的种类很多，最常用的是卧式升降台铣床和立式升降台铣床，此外还有龙门铣床、工具铣床、键槽铣床等各种专用铣床。近年来又出现了数控铣床，数控铣床可以满足多品种、小批量工件的生产。

铣床的型号和其他机床型号一样，按照 JB1838—85《金属切削机床型号编制方法》的规定表示。例如 X6132：其中 X 为分类代号，铣床类机床；61 为组系代号，万能升降台铣床；32 为主参数，工作台宽度的 1/10，即工作台宽度为 320 mm。

二、X6132 万能升降台铣床

万能升降台铣床是铣床中应用最广的一种。万能升降台铣床的主轴轴线与工作台平面平行且呈水平方向放置，其工作台可沿纵、横及垂直三个方向移动并可在水平平面内回转一定的角度，以适应不同工件铣削的需要，如图 3-3 所示。

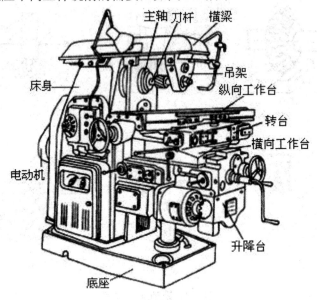

图 3-3　X6132 万能升降台铣床外观图

（一）主要组成部分及作用

X6132 万能升降台铣床主要组成部分及其具体作用：

（1）床身。床身用来固定和支承铣床上所有的部件。电动机、主轴变速机构及主轴等均安装在其内部。

（2）横梁。横梁上面装有吊架用以支承刀杆外伸，以增加刀杆的刚性。横梁可沿床身的水平导轨移动，以调整其伸出的长度。

（3）主轴。主轴是空心轴，前端有 7：24 的精密锥孔，用以安装铣刀刀杆并带动铣刀旋转。

（4）纵向工作台。其上面有 T 形槽用以装夹工件或夹具，其下面通过螺母与丝杠螺纹连接，可在转台的导轨上纵向移动；其侧面有固定挡铁以实现机床的机动纵向进给。

（5）转台。其上面有水平导轨，供工作台纵向移动；其下面与横向工作台用螺栓连接，如松开螺栓可使纵向工作台在水平平面内旋转一个角度（最大为±45°），这样便可获得斜向移动，可便于加工螺旋工件。

（6）横向工作台。其位于升降台上面的水平导轨上，可带动纵向工作台作横向移动，用以调整工件与铣刀之间的横向位置或获得横向进给。

（7）升降台。升降台可使整个工作台沿床身的垂直导轨上下移动，用以调整工作台面到铣刀的距离，还可作垂直进给。

带转台的卧式升降台铣床称为万能升降台铣床，不带转台即不能扳转角度的铣床称为卧式升降台铣床。

（二）X6132万能升降台铣床的传动

X6132万能升降台铣床的主运动和进给运动的传动路线分述如下：

（1）主运动传动。主电动机→主轴变速机构→主轴→刀具旋转运动

（2）进给运动传动。6132万能升降台铣床的进给运动如下所示：

$$
\text{进给电动机} \rightarrow \text{进给变速机构} \rightarrow
\begin{cases}
\rightarrow \text{纵向进给离合器} \rightarrow \text{丝杆螺母} \rightarrow \text{纵向进给} \\
\rightarrow \text{横向进给离合器} \rightarrow \text{丝杆螺母} \rightarrow \text{横向进给} \\
\rightarrow \text{垂直进给离合器} \rightarrow \text{丝杆螺母} \rightarrow \text{垂直进给}
\end{cases}
$$

三、立式升降台铣床

立式升降台铣床如图3-4所示，与卧式升降台铣床的主要区别是其主轴与工作台台面相垂直。立式升降台铣床的头架还可以在垂直面内旋转一定的角度，以便铣削斜面。

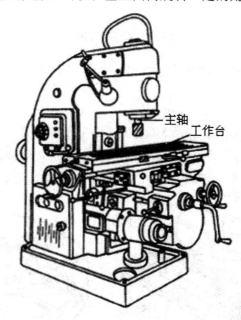

图3-4 立示升降台铣床外观图

立式升降台铣床主要用于使用端铣刀加工平面，另外也可以加工键槽、T形槽及燕尾槽等。

四、铣床主要附件

铣床主要附件有铣刀杆、万能分度头、机用平口钳、圆形工作台和万能立交铣头等。

（一）机用平口钳

机用平口钳是一种通用夹具，使用时应先校正其在工作台上的位置，然后再夹紧工件。校正平口钳的方法有三种：①用百分表校正如图 3-5a）所示；②用 90°角尺校正；③用划线针校证。

校正的目的是保证固定钳口与工作台台面的垂直度和平行度，校正后利用螺栓与工作台 T 形槽连接将平口钳装夹在工作台上。装夹工件时，要按划线找正工件，然后转动平口钳丝杠使活动钳口移动并夹紧工件，如图 3-5b）所示。

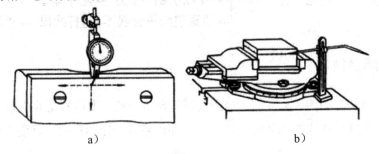

a)   b)

图 3-5　机用平口钳

a）百分表校正平口钳；b）按划线找正工件

（二）圆形工作台

圆形工作台即回转工作台，如图 3-6a）所示。它的内部有一副蜗轮蜗杆，手轮与蜗杆同轴连接，转台与蜗轮连接，转动手轮，通过蜗轮蜗杆的传动使转台转动。转台周围有刻度用来观察和确定转台位置，手轮上的刻度盘也可读出转台的准确位置。

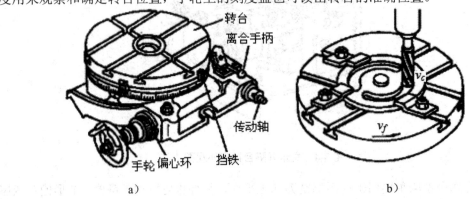

a)   b)

图 3-6　回转工作台

a）圆形工作台；b）铣圆弧槽

图 3-6b）所示为在回转工作台上铣圆弧槽的情况，即利用螺栓压板把工件夹紧在转台上，铣刀旋转后，摇动手轮便转台带动工件进行圆周进给，铣削圆弧槽。

（三）万能立铣头

在卧式铣床上装上万能立铣头，根据铣削的需要，可把立铣头主轴扳成任意角度，如图 3-7 所示。图 3-7a）为万能立铣头外形图，其底座用螺钉固定在铣床的垂直导轨上。由于铣床主轴的运动是通过立铣头内部的两对锥齿轮传到立铣头主轴上的且立铣头的壳体可绕铣床主轴轴线偏转任意角度，如图 3-7b）所示，又因为立铣头主轴的壳体还能在立铣头壳体上偏转任意角度如图 3-7c）所示，因此，立铣头主轴能在空间偏转成所需的任意角度。

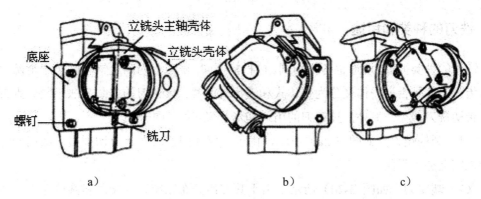

图 3-7 万能立铣头

a）立铣外形；b）绕主轴线偏转角度；c）绕立铣头壳体偏转角度

（四）万能分度头

铣六方和花键轴时，每铣过一个面或一个槽后，便需转个角度，再铣第二个面或槽。这种转角度的工作，叫分度。分度头是分度机构，是铣床的重要附件，主要用于加工刀具（如丝锥、铰刀、铣刀及麻花钻等）和零件（如齿轮、离合器、螺母及花键轴等）。万能分度头如图 3-8 所示。

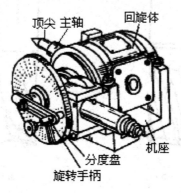

图 3-8 FW250 万能立铣头

万能分度头可使工件周期地绕其轴线转动角度（把工件分成等分或不等分）；铣螺旋

槽或交错轴斜齿轮（旧称螺旋齿轮）时，能使工件连续转动；可使工件轴线，相对于铣床工作台调整成所需的角度。

万能分度头适用于单件小批生产和维修工作。FW250 型号的意义是：F 为分度头；W 为万能；250 为夹持工件的最大直径，单位为 mm。

第三节　铣　刀

一、铣刀的种类和用途

铣刀的种类很多，用途也各不相同。按材料不同，铣刀分为高速钢和硬质合金两大类；按刀齿与刀体是否为一体又分为整体式和镶齿式两类；按铣刀的安装方法不同分为带孔铣刀和带柄铣刀两类。另外，按铣刀的用途和形状又可分为如下几类：

（1）圆柱铣刀。如图 3-2a）所示，由于它仅在圆柱表面上有切削刃，故用于卧式升降台铣床上加工平面。

（2）端铣刀。如图 3-2d）所示，由于其刀齿分布在铣刀的端面和圆柱面上，故多用于立式升降台铣床上加工平面，也可用于卧式升降台铣床上加工平面。

（3）立铣刀。如图 3-9 所示，它是一种带柄铣刀，有直柄和锥柄两种，适于铣削端面、斜面、沟槽和台阶面等。

（4）键槽铣刀和 T 形槽铣刀。如图 3-10 所示，它们是专门加工键槽和 T 形槽的。

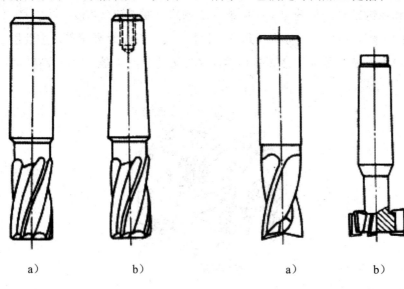

　　a）　　　　　b）　　　　　　　　a）　　　　　b）

图 3-9　立铣刀　　　　　　　图 3-10　键槽和 T 形槽铣刀

a）直柄；b）锥柄　　　　　a）键槽铣刀；b）T 形槽铣刀

（5）三面刃铣刀和锯片铣刀。三面刃铣刀一般用于卧式升降台铣床上加工直角槽，如图 3-2c）所示，也可加工台阶面和较窄的侧面等。锯片铣刀主要用于切断工件或铣削窄槽，如图 3-2f）所示。

（6）角度铣刀。角度铣刀主要用于卧式升降台铣床上加工各种角度的沟槽。角度铣刀分为单角铣刀和双角铣刀。单角铣刀如图 3-2k）所示，双角铣刀如图 3-2j）所示。双角铣刀又分为对称双角铣刀和不对称双角铣刀。

（7）成形铣刀。成形铣刀主要用于卧式升降台铣床上加工各种成形面和左切双角铣刀、右切双角铣刀，如图 3-2o）、图 3-2h）和图 3-2i）所示。

二、铣刀的安装

（一）带孔铣刀的安装

（1）带孔铣刀中的圆柱形铣刀或三面刃等盘形铣刀常用长刀杆安装，如图 3-11 所示。

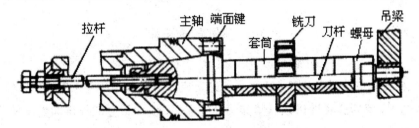

图 3-11　圆盘铣刀的安装

（2）带孔铣刀中的端铣刀常用短刀杆安装，如图 3-12 所示。

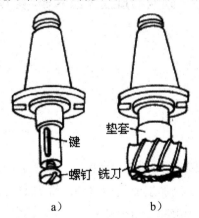

图 3-12　端铣刀的安装图

a）短刀杆；b）安装在短刀杆上的端铣刀

（二）带柄铣刀的安装

（1）锥柄铣刀的安装如图 3-13a）所示。安装时，要根据铣刀锥柄的大小选择合适的变锥套，还要将各种配合表面擦净，然后用拉杆把铣刀及变锥套一起拉紧在主轴上。

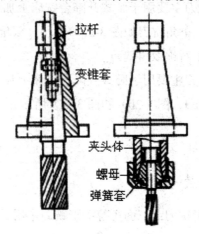

图 3-13　带柄铣刀的安装

a）锥柄铣刀的安装；b）直柄铣刀的安装

（2）直柄铣刀的安装如图 3-13b）所示。安装时，要用弹簧夹头安装，即铣刀的直柄要插入弹簧套内，然后旋紧螺母以压紧弹簧套的端面，使弹簧套的外锥面受压使孔径缩小，夹紧直柄铣刀。

第四节　铣削加工技术的实际应用

一、铣平面、斜面和台阶面

（一）铣平面

1．用圆柱铣刀铣平面

用圆柱铣刀铣平面的主要方法为顺铣和逆铣。

（1）顺铣。在铣刀与工件已加工面的切点处，铣刀切削刃的旋转运动方向与工件进给方向相同的铣削称为顺铣，如图 3-14a）所示。

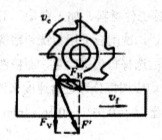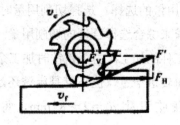

图 3-14　顺铣与逆铣

a）顺铣；b）逆铣

（2）逆铣。在铣刀与工件已加工面的切点处，铣刀切削刃的旋转运动方向与工件进给方向相反的铣削称为逆铣，如图 3-14b）所示。

顺铣时，刀齿切下的切屑由厚逐渐变薄，易切入工件。由于铣刀对工件的垂直分力 F_V 向下压紧工件，所以切削时不易产生振动，铣削平稳。但另一方面，由于铣刀对工件的水平分力 F_H 与工作台的进给方向一致且工作台丝杠与螺母之间有间隙，因此在水平分力的作用下，工作台会消除间隙而突然窜动，致使工作台出现爬行或产生啃刀现象，引起刀杆弯曲、刀头折断。

逆铣时，刀齿切下的切屑是由薄逐渐变厚的。由于刀齿的切削刃具有一定的圆角半径，所以刀齿接触工件后要滑移一段距离才能切入，因此刀具与工件摩擦严重，致使切削温度升高，工件已加工表面粗糙度增大。另外铣刀对工件的垂直分力是向上的，也会促使工件产生抬起趋势，易产生振动而影响表面粗糙度。但另一方面，铣刀对工件的水平分力与工作台的进给方向相反，在水平分力的作用下，工作台丝杠与螺母间总是保持紧密接触而不会松动，故丝杠与螺母的间隙对铣削没有影响。

综上所述，从提高刀具耐用度和工件表面质量以及增加工件夹持的稳定性等观点出发，一般以采用顺铣法为宜。但需要注意的是，铣床必须具备丝杠与螺母的间隙调整机构，且间隙调整为零时才能采取顺铣。目前，除万能升降台铣床外，尚没有消除丝杠与螺母之间间隙的机构，所以，在生产中仍多采用逆铣法。另外，当铣削带有黑皮的工件表面时，如对铸件或锻件表面进行粗加工，若用顺铣法，因刀齿首先接触黑皮将会加剧刀齿的磨损，所以应采用逆铣法。

（3）用圆柱铣刀铣削平面的步骤如下：

① 铣刀的选择与安装。由于螺旋齿铣刀铣平面时，排屑顺利，铣削平稳，所以常用螺旋齿圆柱铣刀铣平面。在工件表面粗糙度 R_a 值较小且加工余量不大时，选用细齿铣刀；表面粗糙度 R_a 值较大且加工余量较大时，选用粗齿铣刀。铣刀的宽度要大于工件待加工表面的宽度，以保证一次进给就可铣完待加工表面。另外，应尽量选用小直径铣刀，以免产生振动而影响表面加工质量。

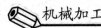

② 切削用量的选择。选择切削用量时，要根据工件材料、加工余量、工件宽度及表面粗糙度要求来综合选择合理的切削用量。一般来说，铣削应采用粗铣和精铣两次铣削的方法来完成工件的加工。由于粗铣时加工余量较大故选择每齿进给量，而精铣时加工余量较小常选择每转进给量，但不管是粗铣还是精铣，均应按每分钟进给速度来调整铣床。

粗铣：侧吃刀量 $a_e = 2 \sim 8$ mm，每齿进给量 $f_z = 0.03/z \sim 0.16/z$ mm，铣削速度 $v_c = 15 \sim 40$ m/min。

根据毛坯的加工余量，选择的顺序是：先选取较大的侧吃刀量 a_e，再选择较大的进给量 f_z，最后选取合适的铣削速度 v_c。

精铣：铣削速度 $v_c \leqslant 10$ m/min 或 $v_c \geqslant 50$ m/min，每转进给量 $f = 0.1 \sim 1.5$ mm/r，侧吃刀量 $a_e = 0.2 \sim 1$ mm。选择的顺序是：先选取较低或较高的铣削速度 v_c，再选择较小的进给量 f，最后根据零件图样尺寸确定侧吃力量 a_e。

（4）工件的装夹方法。根据工件的形状、加工平面的部位以及尺寸公差和形位公差的要求，选择合适的装夹方法，一般常用平口钳或螺栓压板装夹工件。用平口钳装夹工件时，要校正平口钳的固定钳口并对工件进行找正（如图 3-5 所示），还要根据选定的铣削方式调整好铣刀与工件的相对位置。

（5）操作方法。根据选取的铣削速度 v_c，按下式调整铣床主轴的转速：

$$N = \frac{1\,000v_c}{\pi D} \quad \text{（r/min）}$$

根据选取的进给量按下式来调整铣床的每分钟进给量：

$$v_f = f\,n = f_z\,zn \quad \text{（mm/min）}$$

侧吃刀量的调整要在铣刀旋转（主电动机启动）后进行，即先使铣刀轻微接触工件表面，记住此时升降手柄的刻度值，再将铣刀退离工件，转动升降手柄升高工作台并调整好侧吃刀量，最后固定升降和横向进给手柄并调整纵向工作台机动停止挡铁，即可试切铣削。

2. 用端铣刀铣平面

在卧式和立式升降台铣床上用铣刀端面齿刃进行的铣削称为端面铣削，简称端铣，如图 3-15 所示。

由于端铣刀多采用硬质合金刀头，又因为端铣刀的刀杆短、强度高、刚性好以及铣削中的振动小，因此用端铣刀可以高速强力铣削平面，其生产率高于周铣。目前在生产实际中，端铣已被广泛采用。

用端铣刀铣平面的方法与步骤，基本上与用圆柱铣刀铣平面的方法和步骤相同，其铣削用量的选择、工件的装夹和操作方法等均可参照圆柱铣刀铣平面的方法进行。

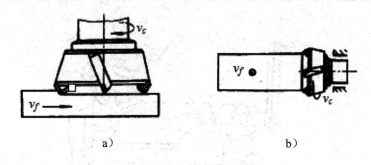

图 3-15 用端铣刀铣平面

a）在立铣上；b）在卧铣上

（二）铣斜面

工件上的斜面常用下面几种方法进行铣削。

（1）使用斜垫铁铣斜面。如图 3-16 所示，在工件的基准下面垫一块斜垫铁，则铣出的工件平面就会与基准面倾斜一定角度，如果改变斜垫铁的角度，即可加工出不同角度的工件斜面。

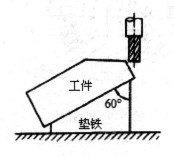

图 3-16 用斜垫铁铣斜面

（2）利用分度头铣斜面。如图 3-17 所示，用万能分度头将工件转到所需位置即可铣出斜面。

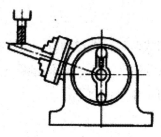

图 3-17 用分度头铣斜面

（3）用万能立铣头铣斜面。由于万能立铣头能方便地改变刀轴的空间位置，因此可通过转动立铣头使刀具相对工件倾斜一个角度即可铣削出斜面，如图 3-18 所示。

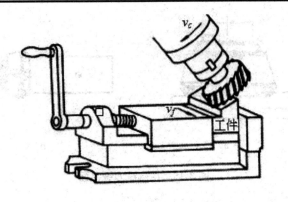

图 3-18　用万能立铣头铣斜面

（三）铣台阶面

在铣床上，可用三面刃盘铣刀或立铣刀铣台阶面。在成批生产中，大都采用组合铣刀同时铣削几个台阶面，如图 3-19 所示。

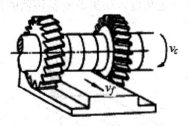

图 3-19　铣台阶面

二、铣沟槽

在铣床上利用不同的铣刀可以加工直角槽、V 形槽、T 形槽、燕尾槽、轴上的键槽和成形面等，这里着重介绍轴上键槽和 T 形槽的铣削方法。

（一）铣键槽

轴上的键槽有开口式和封闭式两种。铣键槽时，工件的装夹方法很多，一般常用平口钳或专用抱钳、V 形架、分度头等装夹工件，但不论哪一种装夹方法，都必须使工件的轴线与工作台的进给方向一致并与工作台台面平行。

1. 铣开口式键槽

如图 3-20 所示，使用三面刃铣刀铣削。由于铣刀的振摆会使槽宽扩大，所以铣刀的宽度应稍小于键槽宽度。对宽度要求较严的键槽，可先进行试铣，以便确定铣刀合适的宽度。

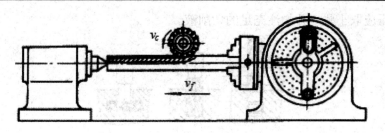

图 3-20　铣开口式键槽

　　铣刀和工件安装好后，要进行仔细地对刀，也就是使工件的轴线与铣刀的中心平面对准，以保证所铣键槽的对称性。随后进行铣削槽深的调整，调好后才可加工。当键槽较深时，需分多次走刀进行铣削。

2．铣封闭式键槽

　　如图 3-21 所示，通常使用键槽铣刀，也可用立铣刀铣削。用键槽铣刀铣封闭式键槽时，可用图 3-21a）所示的抱钳装夹工件，也可用 V 形架装夹工件。铣削封闭式键槽的长度是由工作台纵向进给手轮上的刻度来控制的，深度由工作台升降进给手柄上的刻度来控制，宽度则由铣刀的直径来控制。

　　铣封闭式键槽的操作过程如图 3-21b）所示，即先将工件垂直进给移向铣刀，采用一定的吃刀量将工件纵向进给切至键槽的全长，再垂直进给吃刀，最后反向纵向进给，经多次反复直到完成键槽的加工。

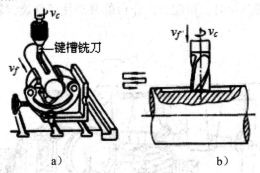

键槽铣刀

图 3-21　铣封闭式键槽

a）抱钳装夹；b）铣封闭式键槽

　　用立铣刀铣键槽时，由于铣刀的端面齿是垂直的，故吃刀困难，所以应先在封闭式键槽的一端圆弧处用相同半径的钻头钻一个孔，然后再用立铣刀铣削。

（二）铣T形槽

　　如图 3-22 所示，要加工 T 形槽，必须首先用三面刃铣刀或立铣刀铣出直角槽，然后再用 T 形槽铣刀铣出 T 形槽，最后用角度铣刀倒角。由于 T 形槽的铣削条件差，排屑困难，所以切削用量应取小些，并加注充足的切削液。

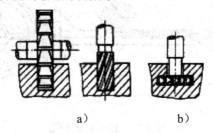

图 3-22 铣 T 形槽

a）铣直角槽；b）铣 T 形槽

三、铣等分零件

在铣削加工中，经常需要铣削四方、六方、齿槽、花键及键槽等分零件。在加工中，可利用万能分度头对工件进行分度，即铣过工件的一个面或一个槽之后，将工件转过所需的角度，再铣第二个面或第二个槽，直至铣完所有的面域槽。

（一）万能分度头

1. 万能分度头的功用

万能分度头是铣床的重要附件，其主要功用如下：

（1）铣削螺旋槽或凸轮时，可配合工作台的移动使工件连续旋转，图 3-23 所示即为利用分度头铣螺旋槽。

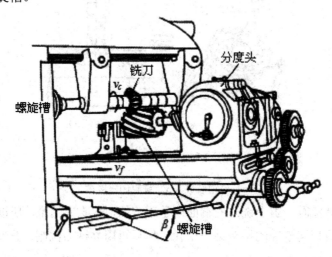

图 3-23　铣螺旋槽

B-螺旋角

（2）使工件绕本身的轴线进行分度（等分或不等分）。

（3）让工件的轴线相对铣床工作台台面形成所需要的角度（水平、垂直或倾斜），如图 3-17 所示，利用分度头卡盘在倾斜位置上装夹工件。

2．万能分度头的结构

万能分度头的结构如图 3-24 所示。万能分度头的基座上装有回转体，分度头主轴可随回转体在垂直平面内作向上 90°和向下 10°范围内的转动。分度头主轴前端常装有三爪自定心卡盘和顶尖。进行分度操作时，需拨出定位销并转动手柄，通过齿数比为 1：1 的直齿圆柱齿轮副传动带动蜗杆转动，又经齿数比为 1：40 的蜗杆蜗轮副传动带动主轴旋转即可完成分度，如图 3-25 所示。

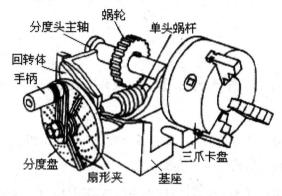

图 3-24　万能分度头的结构

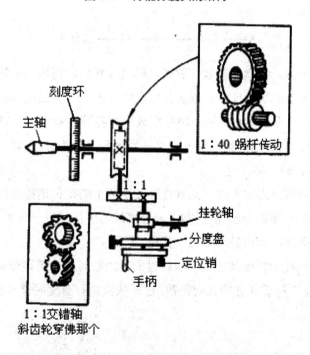

图 3-25　万能分度传动系统图

分度头中蜗杆和蜗轮的齿数比：

$$u = \frac{蜗杆线数}{涡轮齿数} = \frac{1}{40}$$

上式表明，当手柄转动一转时，蜗轮只能带动主轴转过 1/40 转。如果工件在整个圆周上的分度等分数已知，则每分一个等分就要求分度头主轴转过 1/z 转，这时分度手柄所需转过的转数 n 可由下列比例关系推得：

$$1 : 40 = \frac{1}{z} : n$$

即

$$n = \frac{40}{z}$$

式中：n 为受柄转数；z 为工件等分数；40 为分度头定数。

3．分度方法

使用分度头进行分度的方法很多，如直接分度法、简单分度法、角度分度法和差动分度法等，这里仅介绍最常用的简单分度法。

简单分度法的计算公式为 $n = \dfrac{40}{z}$。例如铣削直齿圆柱齿轮，如齿数 z＝36，则每一次分度时手柄转过的转数

$$n = \frac{40}{z} = \frac{40}{36} = 1\frac{1}{9} = 1\frac{6}{54} \quad （转）$$

就是说，每分一齿，手柄需转过一整转再转过 1/9 转，而这 1/9 转是通过分度盘来控制的。一般分度头备有两块分度盘，每块分度盘两面各有许多圈孔且各圈孔数均不等，但在同一孔圈上的孔距则是相等的。第一块分度盘正面各圈孔数为 24、25、28、30、34、37，反面为 38、39、41、42、43；第二块分度盘正面各圈孔数为 46、47、49、51、53、54，反面为 57、58、59、62、66。

简单分度时，分度盘固定不动，此时将分度手柄上的定位销拔出，调整到孔数为 9 的倍数的孔圈上，即在孔圈数为 54 的孔圈上。分度时，手柄转过一转后，再沿孔数为 54 的孔圈上转过 6 个孔间距，即可铣削第二个齿槽。

为了避免每次数孔的繁琐及确保手柄转过的孔距数可靠，可调整分度盘上的扇形夹 1 与 2 之间的夹角，使之等于欲分的孔间距数，这样依次进行分度时就可准确无误，如图 3-26 所示。

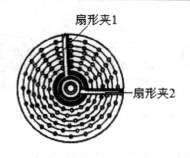

扇形夹1

扇形夹2

图 3-26　分度盘

（一）分度头的安装与调整

1．分度头主轴轴线与铣床工作台台面平行度的校正

如图 3-27 所示，用 Φ40 长 400 mm 的校正棒插入分度头主轴孔内，以工作台台面为基准，用百分表测量校正棒两端，当两端百分表数值一致时，则分度头主轴轴线与工作台台面平行。

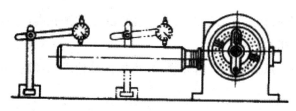

图 3-27　主轴与台面平行度的校正

2．分度头主轴与刀杆轴线垂直度的校正

如图 3-28 所示，将校正棒插入主轴孔内，使百分表的触头与校正棒的内侧面（或外侧面）接触，然后移动纵向工作台，当百分表指针稳定不动时，则表明分度头主轴与刀杆轴线垂直。

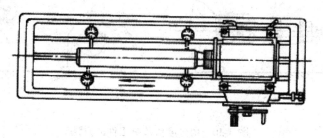

图 3-28　主轴与刀杆轴线垂直度的校正

3．分度头与后顶尖同轴度的校正

先校正好分度头，然后将校正棒装夹在分度头与后顶尖之间以校正后顶尖与分度头主轴等高，最后校正其同轴度，即两顶尖目的轴线平行于工作台台面且垂直于铣刀刀杆，如

图 3-29 所示。

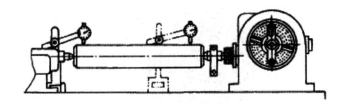

图 3-29　分度头与后顶尖同轴度的校正

（三）工件的装夹

利用分度头装夹工件的方法，通常有以下几种：

（1）用三爪自定心卡盘和后顶尖装夹工件，如图 3-30a）所示。

（2）用前后顶尖夹紧工件，如图 3-30b）所示。

（3）工件套装在心轴上用螺母压紧，然后同心轴一起被顶持在分度头和后顶尖之间，如图 3-30c）所示。

（4）工件套装在心轴上，心轴装夹在分度头的主轴锥孔内，并可按需要使主轴倾斜一定的角度，如图 3-30d）所示。

（5）工件直接用三爪自定心卡盘夹紧，并可按需要使主轴倾斜一定的角度，如图 3-30e）所示。

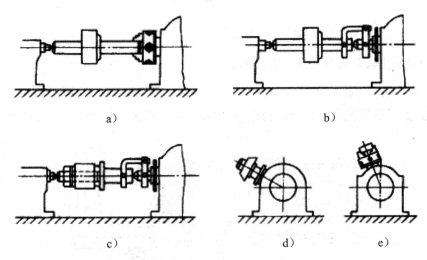

a)　　　　　　　　　　　　　b)

c)　　　　　　　　　d)　　　　　e)

图 3-30　用分度头装夹工件的方法

a）一夹一顶；b）双顶夹顶工件；c）双顶夹顶心轴；d）心轴装夹；e）卡盘装夹

本章小结

本章主要介绍了铣削加工技术概述，铣床及附件，铣刀，铣平面、斜面和台阶面，铣沟槽。

本章的主要内容包括铣削运动与铣削用量；铣削特点及加工范围；铣床的种类和型号；X6132 万能升降台铣床；立式升降台铣床；铣床主要附件；铣刀的种类和用途；铣刀的安装；铣平面；铣斜面；铣台阶面；铣键槽和铣 T 形槽。通过本章的学习，读者可以了解铣削运动、用量、特点机加工范围；了解铣床的种类和型号；了解铣床的主要附件；掌握铣刀的安装；掌握铣削加工技术的实际应用。

练习题

1．铣削加工的特点是什么？
2．简述铣削加工的加工范围。
3．最常见的铣床有哪些？
4．铣床有哪些主要附件？
5．简述铣刀的种类及具体用途。

第四章 刨削加工技术

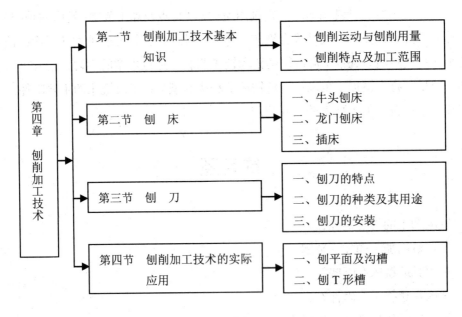

本章结构图

【学习目标】

➢ 了解刨削运动与刨削量;

➢ 掌握牛头刨床的型号、组成及传动;

➢ 了解刨刀的特点、种类及用途;

➢ 掌握刨刀的安装;

➢ 掌握刨削加工技术的实际应用。

第一节 刨削加工技术基本知识

在刨床上用刨刀加工工件的方法称为刨削,它是金属切削加工中常用的方法之一。

一、刨削运动与刨削用量

图 4-1 所示为牛头刨床刨削平面时的刨削运动及刨削用量。

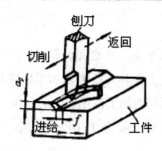

图 4-1 刨削运动及刨削用量

（1）主运动及切削速度（v_c）。刨刀的直线往复运动是主运动，其切削刃的选定点相对于工件的主运动的瞬时速度为切削速度，可用下式计算：

$$v_c = \frac{2Ln}{1\ 000}$$

式中：L 为刀具往复行程长度（mm）；n 为刀具每分钟往复行程次数（行程/mm）。

（2）进给运动及进给量（f）。工件的横向间歇移动是进给运动，刀具每往复运动一次工件横向移动的距离称为进给量。B6065 牛头刨床上的进给量可用下式计算：

$$f = \frac{k}{3}\ \text{mm/（行程）}$$

式中：k 位刨刀每往复行程一次棘轮被拨过的齿数。

（3）背吃刀量（a_p）。在通过切削刃基点（中点）并垂直于工作平面的方向（平行于进给运动方向）上测量的吃刀量，即每次进给过程中，已加工表面与待加工表面之间的垂直距离，单位为 mm。

龙门刨床上工件的直线往复运动为主运动，刀具的横向间歇移动是进给运动。

二、刨削特点及加工范围

（一）刨削特点

刨削的主运动为直线往复运动，由于工作行程速度慢且回程速度快又不切削，因此刀具在切入和切出时产生冲击和振动，限制了切削速度的提高。另外由于回程不切削，增加了加工时的辅助时间。刨削用的刨刀属于单刃刀具，一个表面往往要经过多次行程才能加工出来，所以基本工艺时间较长。刨削的生产率一般低于铣削，但对于窄长表面的加工，在龙门刨床上采用多刀（或多件装夹）加工时，刨削的生产率可能高于铣削。

刨床的结构比车床和铣床简单，调整和操作简便，加工成本低。刨刀与车刀基本相同，形状简单，其制造、刃磨和安装方便，因此刨削的通用性好。

（二）刨削的加工范围

刨削主要用于加工平面如水平面、垂直面和斜面，还可以加工槽类零件如直槽、T 形槽、燕尾槽等，另外牛头刨床装上夹具后还可以加工齿轮及齿条等成形表面。刨削常用于单件小批生产，图 4-2 所示为刨削的加工范围。

刨削加工的工件尺寸公差等级一般为 IT10～IT8 级，表面粗糙度 $R_a = 6.3～1.6\,\mu m$。

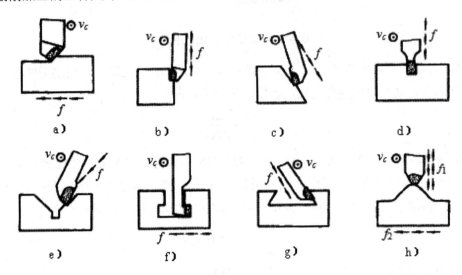

图 4-2　刨削的加工范围

第二节　刨　床

刨床可分为牛头刨床和龙门刨床两大类。牛头刨床主要加工较小的零件表面，而龙门刨床主要加工较大的箱体、支架及床身等零件表面，下面以牛头刨床为例进行介绍。

一、牛头刨床

（一）牛头刨床的型号

按照 JB1838—85《金属切削机床型号编制方法》的规定，机床型号，例如 B6065，表示的意义如下：B 为分类代号：刨床类机床；60 为组、系代号：牛头刨床；65 为主参数：最大刨削长度的 1/10，即最大刨削长度为 650 mm。

（二）牛头刨床的组成部分

牛头刨床主要由床身、滑枕、刀架、工作台及横梁等部分组成，如图 4-3 所示。

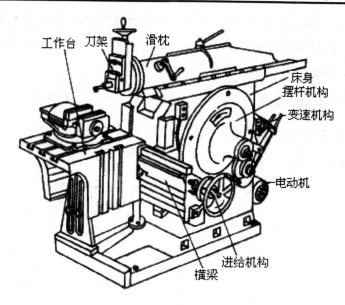

图 4-3 B6065 牛头刨床外观图

（1）床身。床身用来支承和连接刨床的各个部件，其顶面导轨供滑枕作往复运动，其侧面导轨供工作台升降。床身内部装有齿轮变速机构和摆杆机构，以改变滑枕的往复运动速度和行程长度。

（2）滑枕。滑枕主要用来带动刨刀作直线往复运动（即主运动）。滑枕前端装有刀架，其内部装有丝杠螺母传动装置，可用以改变滑枕的往复行程位置。

（3）刀架。刀架如图 4-4 所示，是用以夹持刨刀的部件。摇动刀架进给手柄，滑板便可沿转盘上的导轨移动，带动刨刀上下作吃刀或退刀运动。松开转盘上的螺母，将转盘扳转一定角度后，可使刀架作斜向进给。刀架的滑板装有可偏转的刀座（又称刀盒），刀架的抬刀板可以绕刀座的 A 轴向上转动。刨刀安装在刀夹上，在回程时，刨刀可绕 A 轴自由上抬，减少了刀具与工件的摩擦。

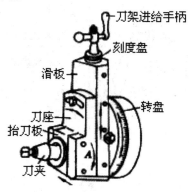

图 4-4 刀架

（4）工作台。工作台是用来安装工件的，其台面上的 T 形槽可穿入螺栓来装夹工件或夹具。工作台可随横梁在床身的垂直导轨上作上下调整，同时也可在横梁的水平导轨上作水平方向移动或间歇的进给运动。

（三）牛头刨床的传动

1．B6065 牛头刨床的传动路线

B6065 牛头刨床的传动路线如下：

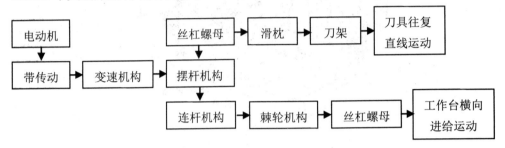

2．摆杆机构

摆杆机构如图 4-5 所示。电动机启动后，其运动经带传动传到齿轮变速机构，带动大齿轮转动，使大齿轮端面上的滑块也随之转动并在摆杆槽内滑动，迫使摆杆绕下支点摆动，又通过上支点带动滑枕，便滑枕作往复直线运动。滑枕向前运动（工作行程）时滑块的转角为 α，而滑枕向后运动（回程）时滑块的转角为 β，由于 $\alpha > \beta$，所以工作行程时滑枕的速度慢，回程时速度快。滑枕运动到两端时速度为零，运动到中间时速度最高，即滑枕在运动过程中的速度是变化的。

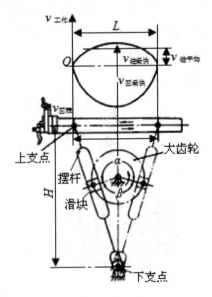

图 4-5　牛头刨床摆杆机构

3．操作过程

B6065 牛头刨床操纵系统如图 4-6 所示。

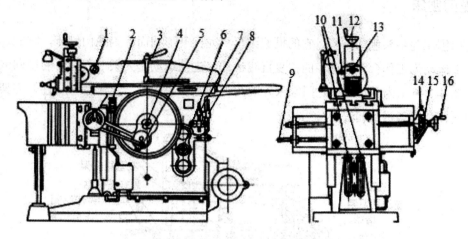

图 4-6　B6065 牛头刨床操纵系统图

1-调整行程起始位置的方头；2-刨床启动和停止按钮；3-滑枕紧固手柄；4-调整行程长度的方头；

5-改变横向进给方向的插销；6-手动滑枕的方头；7-滑枕变速手柄 A；8-滑枕变速手柄 B；

9-调整工作台升降的方头；10-工作台支架夹紧螺钉；11-夹紧刀具螺钉；12-刀架进给手柄；

13-刀座紧固螺钉；14-棘轮爪；15-棘轮罩；16-手动横向进给手轮

4．停车练习

（1）手动工作台及滑枕的移动。转动手动横向进给手轮 16，带动工作台丝杠转动，由于丝杠轴向固定，故与丝杠配合的螺母带动工作台沿横梁的水平导轨横向移动。顺时针转动手轮 16，工作台离开操作者，反之工作台移向操作者。用扳手转动调整工作台升降的方头 9，便可通过一对锥齿轮的传动便垂直进给丝杠转动，因其轴向固定，故使螺母带动工作台沿床身垂直导轨上作上下移动。顺时针转动方头 9，工作台上升，反之工作台下降。用扳手转动手动滑枕方头 6，可使滑枕沿床身水平导轨往复移动。

（2）小刀架的吃刀和退刀移动。转动刀架进给手柄 12，可通过丝杠螺母的传动带动小刀架垂直上下移动。顺时针转动手柄 12，小刀架向下吃刀，反之小刀架向上退回。小刀架丝杠螺距 $P=5$ mm （单线），手柄 12 转一转时，小刀架将移动 5 mm。小刀架的刻度盘上一周分布着 50 个小格，手柄每转过一小格，则小刀架移动 0.1 mm。

5．操作要点

操作过程中必须注意以下两点：

（1）在进行滑枕移动速度、行程起始位置、行程长度的调整过程中，必须停车进行，以防发生事故。如在凋整过程中某手柄没有调整到位时，可在瞬时启动后，再重新调整。

（2）滑枕的行程位置、行程长度在调整中不能超过极限位置，工作台的横向移动也不能超过极限位置，以防滑枕和工作台在导轨上脱落。

二、龙门刨床

龙门刨床与牛头刨床不同，它的框架因呈"龙门"形状而称为龙门刨床，它的运动特点是：主运动为工作台（工件）的往复直线运动，进给运动是刀架（刀具）的横向或垂直移动。图4-7所示为B20lOA龙门刨床外观图，其主要由床身、工作台、立柱、刀架、工作台减速箱和刀架进给箱等部分组成。

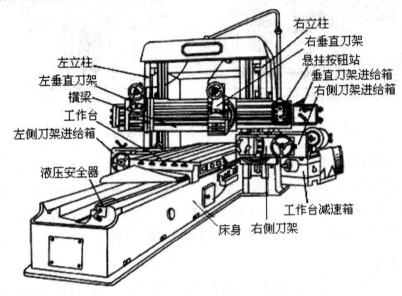

图 4-7   B2010A 龙门刨床外观图

B2010A 的含义是：B 为刨削类机床，20 为龙门刨床，10 为最大刨削宽度，为 1 000mm，A 为经过第一次重大改进。

龙门刨床的工作过程为：工件被装夹在工作台上作往复直线运动；刀架带动刀具沿横梁导轨作横向移动，刨削工件的水平面；立柱上的侧刀架带动刀具沿立柱导轨垂直移动，刨削工件的垂直面；刀架还可以扳转一定角度作斜向移动，刨削斜面。另外，横梁还可以沿立柱导轨上、下升降以调整刀具和工件的相对位置。

龙门刨床主要用来加工床身、机座、箱体等零件的平面，它既可以加工较大的长而窄的平面，又可以同时加工多个中小型零件的小平面。

三、插床

插床实际上是一种立式牛头刨床，它的结构及工作原理与牛头刨床基本相同，所不同的是：插床的滑枕是在垂直方向上作往复直线运动。插床的工作台由下滑板、上滑板及圆形工作台三部分组成：下滑板作横向进给移动，上滑板作纵向进给移动，圆形工作台可带动工件回转。B5020 插床外观图如图 4-8 所示。

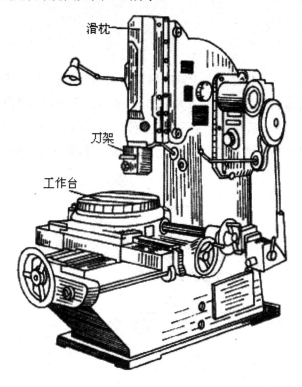

图 4-8　B5020 插床外观图

B5020 的含义是：B 为刨削类机床，50 为插床，20 为最大插削长度，为 200 mm。

插床主要用于工件内表面的加工，如方孔、长方孔、多边形孔及孔内键槽等。插削方孔的方法如图 4-9 所示，插削孔内键槽的方法如图 4-10 所示。

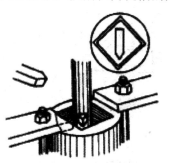

图 4-9　插削方孔　　　　　　图 4-10　插削孔内键槽

第三节　刨　刀

一、刨刀的特点

　　刨刀的几何参数与车刀相似。由于刨削属于断续切削，刨刀切入时，受到较大的冲击力，所以一般刨刀刀体的横截面比车刀大 $1.25\sim1.5$ 倍。平面刨刀的几何角度如图 4-11 所示，通常前角 $\gamma_0=0°\sim25°$，后角 $\alpha_0=3°\sim8°$，主偏角 $k_r=45°\sim75°$，副偏角 $k'_r=5°\sim15°$，刃倾角 $\lambda=0°\sim-15°$。为了增加刀尖的强度，刨刀的刃倾角 λ_s 一般取负值。

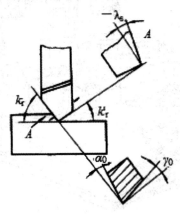

图 4-11　平面刨刀的几何角度

　　刨刀一般做成弯头，这是刨刀的一个显著特点。在切削中，当弯头刨刀受到较大的切削力时，刀杆可绕 O 点向后上方产生弹性弯曲变形，而不致啃入工件的已加工表面，如图 4-12a）所示；而直头刨刀受力后产生弯曲变形会啃入工件的已加工表面，将会损坏刀刃及已加工表面，如图 4-12b）所示。

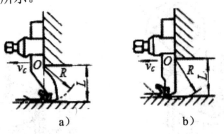

图 4-12　刨刀变形对刨削过程的影响

a）弯头刨刀刨削；b）直头刨刀刨削

二、刨刀的种类及其用途

　　刨刀的种类很多，按其用途不同可分为：平面刨刀、偏刀、角度偏刀、切刀及成形刨刀等。平面刨刀用来加工水平面，偏刀用来加工垂直面域斜面，角度偏刀用来加工具有一定角度的表面，切刀用来加工各种沟槽或切断，成形刀用来加工成形面。常见的刨刀形状如图 4-13 所示。

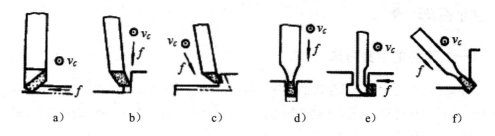

a)　　　　b)　　　　c)　　　　d)　　　　e)　　　　f)

图 4-13　常见的刨刀及用途

a）平面刨刀；b）偏刀；c）角度偏刀；d）、f）切刀；e）弯切刀

三、刨刀的安装

刨刀的安装如图 4-14 所示。

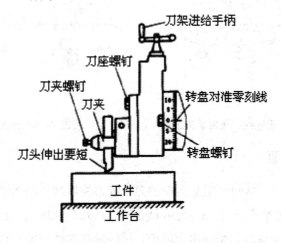

图 4-14　刨刀的安装

刨刀的安装步骤如下：

（1）在安装加工水平面用刨刀前，首先应先松开转盘螺钉调整转盘对准零线，以便准确地控制背吃刀量。

（2）转动刀架进给手柄，使刀架下端面与转盘底侧基本相对以增加刀架的刚性，减少刨削中的冲击振动。

（3）将刨刀插入刀夹内，其刀头伸出量不要太长，以增加刚性，防止刨刀弯曲时损伤已加工表面，拧紧刀夹螺钉将刨刀固定。

另外，如果需调整刀座偏转角度，可松开刀座螺钉，转动刀座。

第四节　刨削加工技术的实际应用

一、刨平面及沟槽

（一）工件的装夹方法

在刨床上，加工单件小批生产的工件，常用平口钳或螺栓、压板装夹工件，而加工成批大量生产的工件可用专门设计制造的专用夹具来装夹工件。刨削用平口钳装夹工件的方法与铣削相同。如图 4-15 所示。

用螺栓、压板装夹工件时，必须注意压板及压点的位置要合理，垫铁的高度要合适，这样可以防止工件松动而破坏定位，如图 4-16 所示。

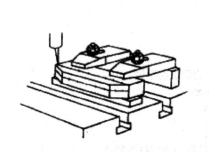

图 4-15　用螺栓、压板装夹工件　　　　图 4-16　压板的使用

（二）刨水平面

粗刨时用平面刨刀，精刨时用圆头精刨刀。刨刀的切削刃圆弧半径为 $R_3 \sim R_5$，背吃刀量 $a_p = 0.2 \sim 2$ mm，进给量 $f = 0.33 \sim 0.66$ mm/行程，切削速度 $v_c = 17 \sim 50$ m/min。粗刨时背吃刀量和进给量取大值而切削速度取低值，精刨时切削速度取高值而背吃刀量和进给量取小值。

（三）刨垂直面和斜面

1. 刨垂直面

刨垂直面是用刀架作垂直进给运动来加工平面的方法，其常用于加工台阶面和长工件的端面。加工前，要调整刀架转盘的刻度线使其对准零线，以保证加工面与工件底平面垂直。刀座应偏转 $10° \sim 15°$，使其上端偏离加工面的方向，如图 4-17 所示。刀座偏转的目的是使抬刀板在回程时携带刀具抬离工件的垂直面，以减少刨刀的磨损，并避免划伤已加工表面。

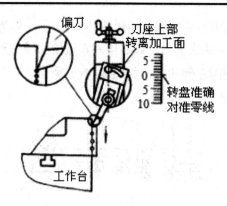

图 4-17 刨垂直面

2.刨斜面

与水平面成倾斜的平面叫斜面。零件上的斜面分为内斜面和外斜面两种。通常采用倾斜刀架法刨斜面，即把刀架和刀座分别倾斜一定角度，从上向下倾斜进给进行刨削，如图 4-18 所示。

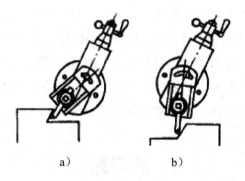

图 4-18 倾斜刀架法刨斜面

a）刨内斜面；b）刨外斜面

刨斜面时，刀架转盘的刻度不能对准零线，刀架转盘扳过的角度是工件斜面与垂直面之间的夹角。刀座偏转的方向应与刨垂直面时相同，即刀座上端要偏离加工面。

二、刨 T 形槽

槽类零件很多如直角槽、T 形槽、V 形槽及燕尾槽等，其作用也各不相同。T 形槽主要用于工作台表面装夹工件，直角槽、V 形槽和燕尾槽多用于零件的配合表面，而 V 形槽还可以用于夹具的定位表面。加工槽类零件的方法常用铣削或刨削，在此仅介绍刨削 T 形槽的方法。刨削 T 形槽的方法如图 4-19 所示，其刨削步骤如下：

（1）用切刀刨出直角槽，使其宽度等于 T 形槽槽口的宽度，深度等于 T 形槽的深度，如图 4-19a）所示。

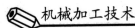
（2）用右弯头切刀刨削右侧凹槽，如图 4-19b）所示，如果凹槽的高度较大，用一刀刨出全部高度有困难，可分几次刨出，最后用垂直进给将槽壁精刨。

（3）用左弯头切刀刨削左侧凹槽，如图 4-15c）所示。

（4）用 45°刨刀倒角，如图 4-15d）所示。

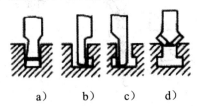

a)   b)   c)   d)

图 4-19　T 形槽的刨削步骤

本章小结

本章主要介绍了刨削加工技术概述，刨床，刨刀，刨削加工技术的实际应用。

本章的主要内容包括刨削运动与刨削用量；刨削特点及加工范围；牛头刨床；龙门刨床；插床；刨刀的特点；刨刀的种类及其用途；刨刀的安装；刨平面及沟槽和刨 T 形槽。通过对本章的学习，读者可以了解刨削运动与刨削量；掌握牛头刨床的型号、组成及传动；了解刨刀的特点、种类及用途；掌握刨刀的安装；掌握刨削加工技术的实际应用。

练习题

1．简述刨削加工的特点。

2．简述刨削加工的加工范围。

3．牛头刨床是由哪些部分组成的？

4．刨刀的特点是什么？

5．简述刨刀的种类及其用途。

第五章 磨削加工技术

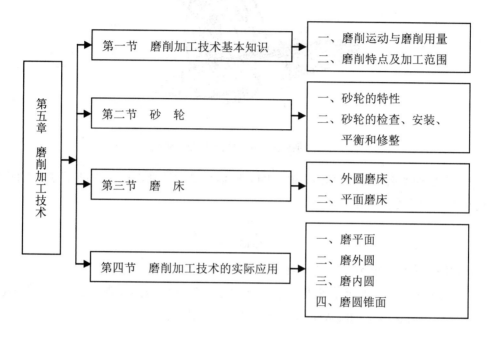

本章结构图

【学习目标】

➤ 了解磨削运动与磨削用量；

➤ 了解磨削特点及加工范围；

➤ 了解砂轮的特性；

➤ 掌握砂轮的检查、安装、平衡和修整；

➤ 了解外圆磨床与平面磨床；

➤ 掌握磨削加工技术的实际应用。

第一节 磨削加工技术基本知识

用磨具以较高线速度对工件表面进行加工的方法称为磨削加工，它是对机械零件进行精加工的主要方法之一。

一、磨削运动与磨削用量

磨削外圆时的磨削运动和磨削用量，如图 5-1 所示。

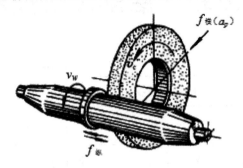

图 5-1　磨削外圆时的磨削运动及磨削用量

（1）主运动及磨削速度（v_c）。砂轮的旋转运动是主运动，砂轮外圆相对于工件的瞬时速度称为磨削速度，可用下式计算：

$$v_c = \frac{\pi dn}{1\,000 \times 60} \text{ m/s}$$

式中：d 为砂轮直径（mm）；n 为砂轮每分钟转速（r/min）。

（2）圆周进给运动及进给速度（v_w）。工件的旋转运动是圆周进给运动，工件外圆处相对于砂轮的瞬时速度称为圆周进给速度，可用下式计算：

$$v_w = \frac{\pi d_w n_w}{1\,000 \times 60} \text{ m/s}$$

式中：d_w 为工件磨削外圆直径（mm）；n_w 为工件每分钟转速（r/min）。

（3）纵向进给运动及纵向进给量（$f_纵$）。工作台带动工件所作的直线往复运动是纵向进给运动，工件每转一转时砂轮在纵向进给运动方向上相对于工件的位移称为纵向进给量，用 $f_纵$ 表示，单位为 mm/r。

（4）横向进给运动及横向进给量（$f_横$）。砂轮沿工件径向上的移动是横向进给运动，工作台每往复行程（或单行程）一次砂轮相对工件径向上的移动距离称为横向进给量，用 $f_横$ 表示，其单位是 mm/行程。横向进给量实际上是砂轮每次切入工件的深度即背吃刀量，也可用 a_p 表示，单位为 mm（即每次磨削切入以毫米计的深度）。

二、磨削加工的应用范围

磨削主要用于零件的内外圆柱面、内外圆锥面、平面及成形面（如花键、螺纹及齿轮等）的精加工，以获得较高的尺寸精度和较小的表面粗糙度，其常见的几种加工类型如图 5-2 所示。

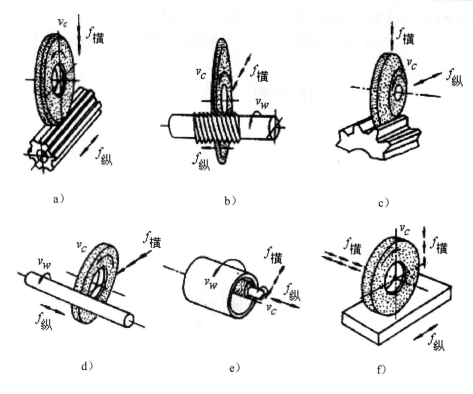

图 5-2　常见的磨削加工类型

a）磨花键；b）磨螺纹；c）磨齿轮齿形；d）磨外圆；e）磨内圆；f）磨平面

三、磨削的特点

磨削与其他切削加工（车削、铣削、刨削）相比较，具有如下特点：

（1）加工精度高、表面粗糙度值小。磨削时，砂轮表面上有极多的磨粒进行切削，即每个磨粒相当于一把刃口半径很小且锋利的切削刃，能切下一层很薄的金属。磨床的磨削速度很高，一般 $=30\sim50$ m/s，磨床的背吃刀量很小，一般 $a_p=0.01\sim0.005$ mm。经磨削加工的工件一般尺寸公差等级可达 IT7～IT5 级，表面粗糙度值为 $R_a=0.2\sim0.8$ μm。

（2）可加工硬度值高的工件。由于磨粒的硬度很高，磨削不但可以加工钢和铸铁等常用金属材料，还可以加工硬度更高的工件，特别是经过热处理后的淬火钢工件。

（3）磨削温度高。由于磨削速度很高，其速度是一般切削加工速度的 10～20 倍，所以加工中会产生大量的切削热。在砂轮与工件的接触处，瞬时温度可高达 10 000 ℃，同时，剧烈的切削热量会使磨屑在空气中发生氧化作用，产生火花。

高的磨削温度会烧伤工件的表面，使工件硬度下降，严重时还会产生微裂纹，使工件的表面质量降低，使用寿命缩短。因此，为了减少摩擦和改善散热条件，降低切削温度，保证工件表面质量，在磨削时必须使用大量的切削液。

加工钢时，使用苏打水或乳化液作为切削液；加工铸铁等脆性材料时，为防止产生裂纹一般不加切削液，而采用吸尘器除尘，同时也可起到一定的散热作用。

第二节　砂　轮

砂轮是磨削的切削工具，它是由许多细小而坚硬的磨粒用结合剂黏结而成的多孔体，如图 5-3 所示。

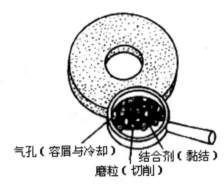

气孔（容屑与冷却）　结合剂（黏结）
磨粒（切削）

图 5-3　砂轮的构造

一、砂轮的特性

砂轮的特性对工件的加工精度、表面粗糙度和生产率影响很大，砂轮的特性包括磨料、粒度、结合剂、硬度、组织、形状和尺寸等方面。

（一）磨料

磨料是砂轮的主要原料，直接担负着切削工作。磨削时，磨料在高温工作条件下要经受剧烈的摩擦和挤压，所以磨料应具有很高的硬度、耐热性及一定的韧性。常用的磨料有两类：

（1）刚玉类。主要成分是 Al_2O_3，其韧性好，适用于磨削钢等塑性材料。其代号有：A 为棕刚玉，WA 为白刚玉等。

（2）碳化物类。它的硬度比刚玉类高，磨粒锋利，导热性好，适用于磨削铸铁及硬质合金刀具等脆性材料。其代号有：C 为黑碳化硅，GC 为绿碳化硅等。

（二）粒度

粒度是指磨料颗粒的大小。粒度号以其所通过的筛网上每 25.4 mm 长度内的孔眼数表示，例如 70# 粒度的磨粒是用每 25.4 mm 长度内有 70 个孔眼的筛网筛出的。粒度号数字越大，颗粒越小。当磨料颗粒小于 63 μm 时称为微粉（W），其粒度号则以颗粒的实际尺寸表示。

粗磨时，选择较粗的磨粒（30#～60#），可以提高生产率；精磨时，选择较细的磨粒（60#～120#），可以减小表面粗糙度。

（三）结合剂

砂轮中，将磨粒黏结成具有一定强度和形状的物质称为结合剂。砂轮的强度、抗冲击性、耐热性及耐腐蚀性能，主要取决于结合剂的性能。

常用的结合剂有：陶瓷结合剂（V）、树脂结合剂（B）和橡胶结合剂（R）。

（四）硬度

砂轮的硬度和磨料的硬度是两个不同的概念。砂轮的硬度是指砂轮表面的磨粒在外力作用下脱落的难易程度。即容易脱落称为软，反之称为硬。GB2484—84《磨具代号》将砂轮硬度用字母表示：G、H、J、K、L、M、N、P、Q、R、S、T、…其硬度按顺序递增。

磨削硬材料时，砂轮的硬度应低些，反之应高些。在成形磨削和精密磨削时，砂轮的硬度应更高些，一般磨削选用砂轮的硬度应在 K～R 之间。

（五）组织

砂轮的组织是指砂轮中磨料、结合剂和气孔三者体积的比例关系。砂轮的组织号数是以磨料所占百分比来确定的，即磨料所占的体积愈大，砂轮的组织愈紧密。砂轮组织号由 0、1、2…、14 共 15 个号组成，号数愈小，组织愈紧密。

组织号在 4～7 间的砂轮应用最广，可用于磨削淬火工件及切削工具。0～3 号用于成形磨削，而 8～14 号用于磨削韧性大而硬度低的材料。

（六）形状与尺寸

根据机床类型和磨削加工的需要，砂轮可制成各种标准形状和尺寸，其常用的几种砂轮的形状、代号和用途见表 5-1。

表 5-1　常用砂轮形状、代号和用途

砂轮名称	简图	代号	用途
平形砂轮		P	磨削外圆、内圆、平面，并用于无心磨
双斜边砂轮		PSX	磨削齿轮的齿形和螺纹

续表

筒形砂轮	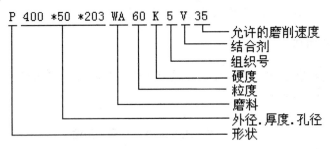	N	立轴端面平磨
杯形砂轮		B	磨削平面、内圆及刃磨刀具
碗形砂轮		BW	刃磨刀具，并用于导轨磨
碟形砂轮		D	磨削铣刀、铰刀、拉刀及齿轮的齿形
薄片砂轮		PB	切断和开槽

砂轮的特性一般用代号和数字标注在砂轮上，有的砂轮还标出安全速度。砂轮特性标志及含义举例如下：

```
P 400 *50 *203 WA 60 K 5 V 35
                              └── 允许的磨削速度
                           └──── 结合剂
                        └─────── 组织号
                      └───────── 硬度
                   └──────────── 粒度
                └─────────────── 磨料
         └──────────────────── 外径.厚度.孔径
     └─────────────────────── 形状
```

二、砂轮的检查、安装、平衡和修整

因砂轮在高速运转情况下工作，所以安装前要通过外观检查和敲击的响声来检查砂轮是否有裂纹，以防止高速旋转时砂轮破裂。安装砂轮时，应将砂轮松紧合适地套在砂轮主轴上，并在砂轮和法兰盘之间垫以 1～2 mm 厚的弹性垫圈（皮革或耐油橡胶制成），如图 5-4 所示。

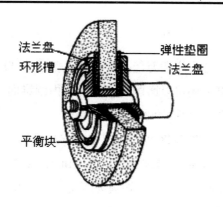

图 5-4　砂轮的安装

为使砂轮平稳地工作，一般直径大于 125 mm 的砂轮都要进行平衡。平衡时将砂轮装在心轴上，再放在平衡架导轨上。如果不平衡，较重的部分总是转在下面，这时可移动法兰盘端面环形槽内的平衡块进行平衡，直到砂轮可以在导轨上的任意位置都能静止为止。如果砂轮在导轨上的任意位置都能静止，则表明砂轮各部分重量均匀，平衡良好。这种方法叫做静平衡，如图 5-5 所示。

砂轮工作一定时间后，其磨粒逐渐变钝，砂轮表面空隙堵塞，砂轮几何形状磨损严重。这时需要对砂轮进行修整，使已磨钝的磨粒脱落，恢复砂轮的切削能力和外形精度。砂轮常用金刚石笔进行修整如图 5-6 所示。修整时要用大量的切削液，以避免金刚石笔因温度剧升而破裂。

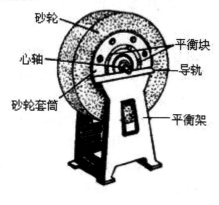

图 5-5　平衡砂轮

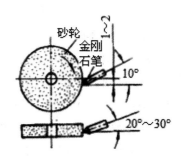

图 5-6　砂轮的修整

第三节　磨　床

磨床的种类很多，有外圆磨床、内圆磨床、平面磨床、齿轮磨床、螺纹磨床、导轨磨床、无心磨床及工具磨床等，其中常用的是外圆磨床与平面磨床。

一、外圆磨床

外圆磨床又分为普通外圆磨床和万能外圆磨床。普通外圆磨床可以磨削外圆柱面、端面及外圆锥面，万能外圆磨床还可以磨削内圆柱面、内圆锥面。

下面以 M1432A 万能外圆磨床为例来进行介绍。

（1）外圆磨床的型号。根据 JBl838—85 规定：M 为磨床类机床；14 为万能外圆磨床；32 为最大磨削直径的 1/10，即最大磨削直径为 320 mm；A 为第一次重大改进。

（2）外圆磨床的组成部分及作用。外圆磨床主要由床身、工作台、头架、尾座、砂轮架、内圆磨头及砂轮等部分组成，如图 5-7 所示。

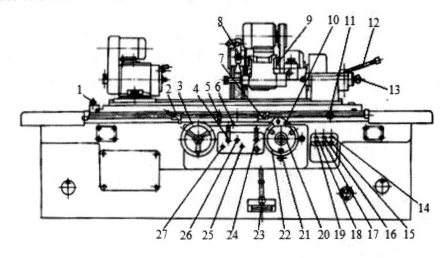

图 5-7　M1432A 外圆磨床操纵系统图

1-放气阀；2-工作台换向挡块（左）；3-工作台纵向进给手轮；4-工作台液压传动开停手柄；

5-工作台换向杠杆；6-头架点转按钮；7-工作台换向挡块（右）；8-冷却液开关手把；

9-内圆磨具支架非工作位置定位手柄；10-砂轮架横向进给定位块；11-调整工作台角度用螺杆；

12-移动尾架套筒用手柄；13-工件顶紧压力调节捏手；14-砂轮电动机停止按钮；

15-冷却泵电动机开停选择旋钮；16-砂轮电动机启动按钮；17-头架电动机停、慢转、快转选择旋钮；

18-电器总停按钮；19-油泵启动按钮；20-砂轮磨损补偿旋钮；21-粗细进给选择拉杆；

22-砂轮架横向进给手轮；23-脚踏板；24-砂轮架快速进退手柄；25-工作台换向停留时间调节旋钮（右）；

26-工作台速度调节旋钮；27-工作台换向停留时间调节旋钮（左）

万能外圆磨床的头架内装有主轴，可用顶尖或卡盘夹持工件并带动其旋转。万能外圆磨床的头架上面装有电动机，动力经头架左侧带传动使主轴转动，如改变 V 带的连接位置，可使主轴获得 6 种不同的转速。

砂轮装在砂轮架的主轴上，由单独的电动机经 V 带直接带动旋转。砂轮架可沿床身后部的横向导轨前后移动，其移动的方法有自动周期进给、快速引进或退出及手动三种，其中前两种是靠液压传动实现的。

工作台有两层，下工作台可在床身导轨上作纵向往复运动，上工作台相对下工作台在水平面内能偏转一定的角度以便磨削圆锥面，另外，工作台上还装有头架和尾座。

万能外圆磨床与普通外圆磨床的主要区别是：万能外圆磨床的头架和砂轮架下面都装有转盘，该转盘能绕垂直轴线偏转较大的角度，另外还增加了内圆磨头等附件，因此万能外圆磨床可以磨削内圆柱面和锥度较大的内外圆锥面。

由于磨床的液压传动具有无级变速、传动平稳、操作简便及安全可靠等优点，所以在磨削过程中，如果因操作失误，使磨削力突然增大时，液压传动的压力也会突然增大，当超过安全阀调定的压力时，安全阀会自动开启使油泵卸载，油泵排出的油经过安全阀直接流回油箱，这时工作台便会自动停止运动。

（3）停车练习

① 手动工作台纵向往复运动。顺时针转动纵向进给手轮 3，工作台向右移动，反之工作台向左移动。手轮每转一周，工作台移动 6 mm。

② 手动砂轮架横向进给移动。顺时针转动砂轮架横向进给手轮 22，砂轮架带动砂轮移向工件，反之砂轮架向后退回远离工件。当粗细进给选择拉杆刀推进时为粗进给，即手轮 22 每转过一周时砂轮架移动 2 mm，每转过一小格时砂轮移动 0.01 mm；当拉杆 21 拔出时为细进给，即手轮 22 每转过一周时砂轮架移动 0.5 mm，每转过一个小格时砂轮架移动 0.0025 mm。同时为了补偿砂轮的磨损，可将砂轮磨损补偿旋钮 20 拨出，并顺时针转动，此时手轮 22 不动，然后将磨损补偿旋钮 20 推入，再转动手轮 22，使其零程撞块碰到砂轮架横向进给定位块 10 为止，即可得到一定量的高程进给（横向进给补偿量）。

（4）开车练习

① 砂轮的转动和停止。按下砂轮电动机启动按钮历，砂轮旋转，按下砂轮电动机停止按钮 14，砂轮停止转动。

② 头架主轴的转动和停止。使头架电动机旋钮刃处于慢转位置时，头架主轴慢转；使其处于快转位置时，头架主轴处于快转；使其处于停止位置时，头架主轴停止转动。

③ 工作台的往复运动。按下油泵启动按钮 19，油泵启动并向液压系统供油。扳转工作台液压传动开停手柄 4 使其处于开位置时，工作台纵向移动。当工作台向右移动终了时，挡块 2 碰撞工作台换向杠杆 5，使工作台换向向左移动。当工作台向左移动终了时，挡块 7 碰撞工作台换向杠杆 5，使工作台又换向向右移动。这样循环往复，就实现了工作台的往复运动。调整挡块 2 与 7 的位置就调整了工作台的行程长度，转动旋钮 26 可改变工作台的运行速度，转动旋钮 27 可改变工作台行至右或左端时的停留时间。

④ 砂轮架的横向快退或快进。转动砂轮架快速进退手柄 24，可压紧行程开关使油泵启动，同时也改变了换向阀阀芯的位置，使砂轮架获得横向快速移近工件或快速退离工件。

⑤ 尾座顶尖的运动。脚踩脚踏板 23 时，接通其液压传动系统，使尾座顶尖缩进；脚

松开脚踏板 23 时，断开其液压传动系统使尾座顶尖伸出。

二、平面磨床

平面磨床分为立轴式和卧轴式两类：立轴式平面磨床用砂轮的端面进行磨削平面，卧轴式平面磨床用砂轮的圆周面进行磨削平面，图 5-8 所示为 M7120A 卧轴距台式平面磨床。

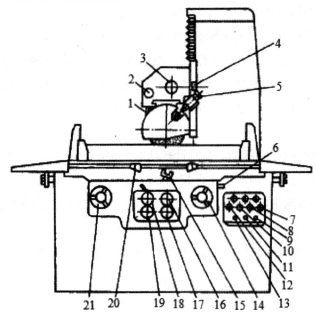

图 5-8 M7120 平面磨床操纵系统图

1-磨头横向往复运动换向挡块；2-磨头横向进给手动换向拉杆；3-磨头横向进给手轮；

4-润滑立柱导轨的手动按钮；5-砂轮修整器旋钮；6-磨头垂直微动进给杠杆；7-电器总停按钮；

8-液压泵启动按钮；9-工件吸磁及退磁按钮；10-磨头停止按钮；11-磁吸盘吸力选择按钮；

12-磨头启动按钮；13-整流器开关旋钮；14-磨头垂直进给手轮；15-工作台往复运动换向手柄；

16-磨头进给选择手柄；17-磨头连续进给速度控制手柄；17-工作台往复进给速度控制手柄；

19-磨头间歇进给速度控制手柄；20-工作台换向挡块；21-工作台移动手轮

（1）平面磨床的型号。根据 JB1838—85 规定：M 为磨床类机床；71 为卧轴距台式平面磨床；20 为工作台面宽度为 200 mm；A 为第一次重大改进。

（2）平面磨床的组成部分及作用。M7120A 平面磨床主要由床身、工作台、磨头、立柱及砂轮修整器等部分组成。该磨床的矩形工作台装在床身的水平纵向导轨上，由液压传动实现其往复运动，也可用手轮操纵以便进行必要的调整。另外，工作台上还装有电磁吸盘，用来装夹工件。

砂轮装在磨头上，由电动机直接驱动旋转。磨头沿滑板的水平导轨可作横向进给运动，该运动可由液压驱动或由手轮操纵。滑板可沿立柱的垂直导轨移动，以调整磨头的高低位置及完成垂直进给运动，这一运动通过转动手轮来实现。

（3）停车练习

① 手动工作台往复移动。顺时针转动工作台移动手轮 21，工作台右移，反之工作台左移。手轮每转一周，工作台移动 6 mm。

② 手动砂轮架（磨头）横向进给移动。顺时针转动磨头横向进给手轮 3，磨头移向操作者，反之远离操作者。

③ 砂轮架（磨头）的垂直升降。顺时针转动磨头垂直进给手轮 14，砂轮移向工作台，反之砂轮向上移动。手轮 14 每转过一小格时，垂直移动量为 0.005 mm，每转过一周，垂直移动量为 1 mm。

（4）开车练习

① 砂轮的转动与停止。按下磨头启动按钮 12，砂轮旋转。按下磨头停止按钮 10，砂轮停止转动。

② 工作台的往复运动。按下液压泵启动按钮 8，油泵工作。顺时针转动工作台往复进给速度控制手柄 18，工作台往复运动。调整换向挡块 20（两个）间的位置，可调整往复行程长度。挡块 20 碰撞工作台往复运动换向手柄 15 时，工作台可换向。逆时针转动手柄 18，工作台由快动到停止移动。

③ 磨头的横向进给移动。该移动有"连续"和"间歇"两种情况：当手柄 16 在"连续"位置时，转动手柄 17 可调整连续进给的速度；当手柄 16 在"间歇"位置时，转动手柄 19 可调整间歇进给的速度。

第四节　磨削加工技术的实际应用

一、磨平面

（一）工件的装夹方法

在平面磨床上，采用电磁吸盘工作台吸住工件。电磁吸盘工作台的工作原理如图 5-9 所示。当线圈中通过直流电时，芯体被磁化，磁力线由芯体经过盖板—工件—盖板—吸盘体而闭合，工件被吸住。电磁吸盘工作台的绝磁层由铅、铜或巴氏合金等非磁性材料制成，它的作用是使绝大部分磁力线都通过工件再回到吸盘体，以保证工件牢固地吸在工作台上。

当磨削键、垫圈及薄壁套等小尺寸的零件时，由于工件与工作台接触面积小，吸力弱，容易被磨削力弹出造成事故，所以装夹这类工件时，需在工件四周或左右两端用挡铁围住，以防工件移动，如图 5-10 所示。

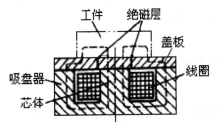

图 5-9　电磁吸盘的工作原理

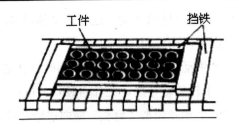

图 5-10　用挡铁围住工件

（二）磨平面的方法

磨削平面时，一般是以一个平面为定位基准，磨削另一个平面。如果两个平面都要求磨削并要求平行时，可互为基准反复磨削。常用磨削平面的方法有以下两种：

（1）周磨法。如图 5-11a）所示，用砂轮圆周面磨削工件。用周磨法磨削平面时，由于砂轮与工件的接触面积小，排屑和冷却条件好，工件发热变形小，而且砂轮圆周表面磨削均匀，所以能获得较高的加工质量。但该磨削方法的生产率较低，仅适用于精磨。

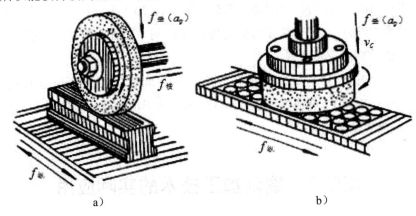

a）　　　　　　　　　　　　　　　　　　b）

图 5-11　磨平面的方法

a）周磨法；b）端磨法

（2）端磨法。如图 5-11b）所示，用砂轮端面磨削工件。端磨法的特点与周磨法相反，端磨法磨削生产率高，但磨削的精度低，适用于粗磨。

（三）切削液

切削液的主要作用是：降低磨削区的温度，起冷却作用；减少砂轮与工件之间的摩擦，起润滑作用；冲走脱落的砂粒和磨屑，防止砂轮堵塞。切削液的使用对磨削质量有重要影响。常用的切削液有以下两种：

（1）苏打水。苏打水由 1% 的无水碳酸钠（Na_2CO_3）、0.25% 的亚硝酸钠（Na_2NO_2）及水组成，它具有良好的冷却性能、防腐性能及洗涤性能，而且对人体无害，成本低，是应用最广的一种磨削液。

（2）乳化液。乳化液为油酸含量 0.5%、硫化蓖麻油含量 1.5%、锭子油含量 8%以及含 1%碳酸钠的水溶液，它具有良好的冷却性能、润滑性能及防腐性能。

苏打水的冷却性能高于乳化液，并且配制方便、成本低，常用于高速强力粗磨。乳化液不但具有冷却性能，而且具有良好的润滑性能，常用于精磨。

二、磨外圆

（一）工件的装夹方法

在外圆磨床上磨削外圆表面常用的装夹方法有三种。

1．顶尖装夹

轴类零件常用双顶尖装夹，该装夹方法与车削中所用的方法基本相同。由于磨头所用的顶尖都是不随工件转动的，所以这样装夹可以提高定位精度，避免了由于顶尖转动而带来的误差。后顶尖是靠弹簧推力顶紧工件的，其作用是自动控制工件装夹的松紧程度。顶尖装夹工件的方法如图 5-12 所示。

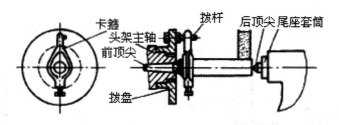

图 5-12 双顶尖装夹工件

磨削前，要修研工件的中心孔，以提高定位精度。修研中心孔一般是用四棱硬质合金顶尖在车床上修研，研亮即可。四棱硬质合金顶尖如图 5-13a）所示。当定位精度要求较高时，可选用油石顶尖或铸铁顶尖进行修研，如图 5-13b）所示。

2．卡盘装夹

磨削短工件的外圆时用三爪自定心或四爪单动卡盘装夹，装夹方法与在车床上装夹的方法基本相同。如果用四爪单动卡盘装夹工件时，则必须用百分表找正。

3．心轴装夹

盘套类空心工件常以内圆柱孔定位进行磨削，其装夹方法与在车床上相同，但磨削用的心轴精度则要求更高些。

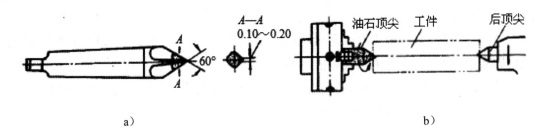

图 5-13　修研中心孔

a）四棱硬质合金顶尖；b）用油石顶尖修研中心孔

（二）磨削方法

在外圆磨床上磨削外圆的常用方法有纵磨法和横磨法。

（1）纵磨法。磨削外圆时，工件转动并随工作台作纵向往复移动，而且每次纵向行程终了时（或双行程终了），砂轮做一次横向进给（背吃刀量）。当工件磨到接近最后尺寸时，可作几次无横向进给的光磨行程，直到火花消失为止，如图 5-14 所示。

纵磨法的磨削精度高，表面粗糙度 R_a 值小，适应性好，因此该方法被广泛用于单件小批和大批大量生产中。

（2）横磨法。磨削外圆时，工件不做纵向进给运动，砂轮以缓慢的速度连续或断续地向工件作横向进给运动，直至磨去全部余量为止，如图 5-15 所示。

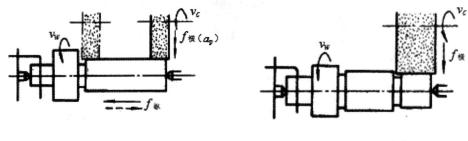

图 5-14　纵磨法　　　　　　　　　　图 5-15　横磨法

横磨法的径向力大，工件易产生弯曲变形，又由于砂轮与工件的接触面积大，产生的热量多，工件也容易产生烧伤现象，但另一方面由于横磨法生产率高，因此该方法只适用于大批大量生产中精度要求低、刚性好的零件外圆表面的磨削。

对于阶梯轴类零件，当外圆表面磨到尺寸后，还要磨削轴肩端面。这时只要用手摇动纵向移动手柄，使工件的轴肩端面靠向砂轮，磨平即可，如图 5-16 所示。

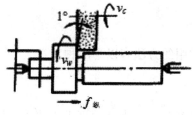

图 5-16　磨轴肩端面

三、磨内圆

（一）工件的装夹

磨内圆时，一般以工件的外圆和端面作为定位基准，通常用三爪自定心或四爪单动卡盘装夹工件，如图 5-17 所示，其中以用四爪单动卡盘通过找正装夹工件用得最多。

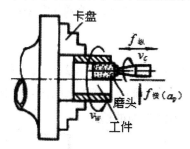

图 5-17　卡盘装夹工件

（二）磨削方法

磨削内圆通常是在内圆磨床或万能外圆磨床上进行，其磨削时砂轮与工件的接触方式有两种。一种是后面接触，如图 5-18a），用于内圆磨床，便于操作者观察加工表面；另一种是前面接触，如图 5-18b），用于万能外圆磨床，便于自动进给。

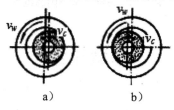

图 5-18　砂轮与工件的接触形式

a）后面接触；b）前面接触

四、磨圆锥面

磨圆锥面的方法很多，常用的方法有以下两种。

1. 转动工作台法

将上工作台相对下工作台扳转一个工件圆锥半角 $\alpha/2$，下工作台在机床导轨上作往复运动进行圆锥面磨削。这种方法既可以磨外圆锥，又可以磨内圆锥，但只适用于磨削锥度较小、锥面较长的工件，图 5-19 所示为用转动工作台法磨削外圆锥面时的情况。

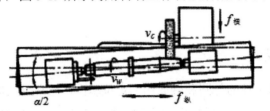

图 5-19　转动工作台磨外圆锥面

2. 转动头架法

将头架相对工作台扳转一个工件圆锥半角 $\alpha/2$，工作台在机床导轨上作往复运动进行圆锥面磨削。这种方法可以磨内外圆锥面，但只适用于磨削锥度较大、锥面较短的工件，图 5-20 所示为用转动头架法磨内圆锥面的情况。

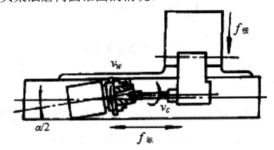

图 5-20　转动头架磨内圆锥面

本章小结

本章主要介绍了磨削加工技术概述，砂轮，磨床，磨削加工技术的实际应用。

本章的主要内容有磨削运动与磨削用量；磨削特点及加工范围；砂轮的特性；砂轮的检查、安装、平衡和修整；外圆磨床；平面磨床；磨平面；磨外圆；磨内圆和磨圆锥面。通过对本章的学习，读者可以了解磨削运动与磨削用量；了解磨削特点及加工范围；掌握砂轮的检查、安装、平衡和修整；掌握磨削加工技术的实际应用。

练习题

1. 简述磨削加工的特点及加工范围。
2. 砂轮的特性有哪些？
3. 外圆磨床是由哪些部分组成的？
4. 简述平面磨床的组成部分及用途。
5. 磨平面的方法有哪些？
6. 常用的磨圆锥面的方法是什么？

第六章　钳工加工技术

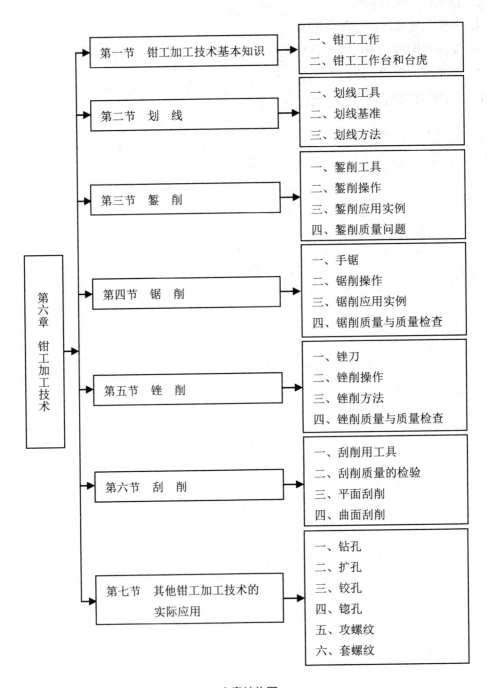

	第一节　钳工加工技术基本知识	一、钳工工作 二、钳工工作台和台虎
	第二节　划　线	一、划线工具 二、划线基准 三、划线方法
第六章 钳工加工技术	第三节　錾　削	一、錾削工具 二、錾削操作 三、錾削应用实例 四、錾削质量问题
	第四节　锯　削	一、手锯 二、锯削操作 三、锯削应用实例 四、锯削质量与质量检查
	第五节　锉　削	一、锉刀 二、锉削操作 三、锉削方法 四、锉削质量与质量检查
	第六节　刮　削	一、刮削用工具 二、刮削质量的检验 三、平面刮削 四、曲面刮削
	第七节　其他钳工加工技术的 实际应用	一、钻孔 二、扩孔 三、铰孔 四、锪孔 五、攻螺纹 六、套螺纹

本章结构图

【学习目标】

➤ 了解钳工工作；

➤ 了解划线工具、划线基准；

➤ 掌握划线的方法；

➤ 掌握锯削的操作及锯削的质量检查；

➤ 掌握刮削的质量检验；

➤ 掌握钳工加工技术的实际应用。

第一节　钳工加工技术基本知识

一、钳工工作

钳工主要是利用台虎钳、各种手用工具和一些机械电动工具完成某些零件的加工、部件、机器的装配和调试以及各类机械设备的维护与维修等工作。

钳工是一种比较复杂、细致且工艺要求高的工作，基本操作包括：零件测量、划线、錾削、锯切、锉削、钻孔、扩孔、锪孔、铰孔、攻螺纹、刮削、研磨、矫直、弯曲、铆接、钣金下料以及装配等。

随着机械工业的发展，钳工的工作范围日益广泛，需要掌握的技术知识和技能也越来越多，以至形成了钳工专业的分工，如：普通钳工、划线钳工、修理钳工、装配钳工、模具钳工、工具样板钳工、钣金钳工等。

钳工具有所用工具简单、加工多样灵活、操作方便和适应面广等特点。目前虽然有各种先进的加工方法，但很多工作仍然需要由钳工来完成，如某些零件加工（主要是机床难以完成或者是特别精密的加工），机器的装配和调试，各类机械的维修，以及形状复杂、精度要求高的量具、模具、样板及夹具等的加工，这些都离不开钳工。钳工在保证机械加工质量中起着重要作用，因此，尽管钳工工作大部分是手工操作，生产效率低，工人操作技术要求高，但目前它在机械制造业中仍起着十分重要的作用，是不可缺少的重要工种之一。

二、钳工工作台和台虎钳

（一）钳工工作台

钳工工作台简称钳台，入图6-1a）所示。有单人用和多人用两种，用硬质木材或钢材做成。工作台要求平稳、结实，台面高度一般以装上台虎钳后钳口高度恰好与人手肘平齐为宜，如图6-1b）所示，抽屉可用来收藏工具，台桌上必须装有防护网。

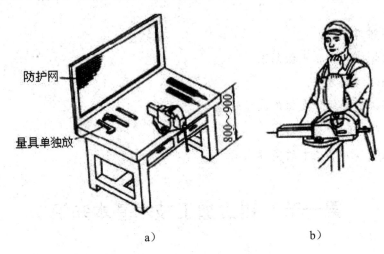

a)　　　　　　　　　　　　b)

图6-1 工作台及台虎钳的合适的高度

a）工作台；b）台虎钳的合适的高度

（二）台虎钳

台虎钳（见图6-2）用来夹持工件，其规格以钳口的宽度来表示，常用的有100 mm、125 mm和150 mm三种。

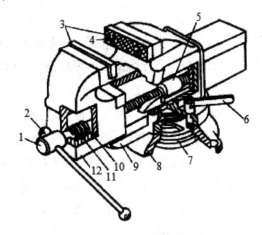

图6-2　台虎钳

1-丝杆；2-摇动手柄；3-淬硬的钢钳口；4-钳口螺钉；5-螺母；6-紧固手柄；7-夹紧盘；

8-转动盘座；9-固定钳身；10-弹簧；11-垫圈；12-活动钳身

使用台虎钳时应注意以下事项：

（1）工件尽量夹持在台虎钳钳口中部，使钳口受力均匀。

（2）夹紧后的工件应稳固可靠，便于加工，并且不产生变形。

（3）只能用手扳紧手柄夹紧工件，不准用用手锤敲击手柄，以免损坏零件。

（4）不要在活动钳身的光滑表面进行敲击作业，以免降低其与固定钳身的配合性能。

（5）加工时用力方向最好是朝向固定钳身。

第二节　划　线

根据图样的尺寸要求，用划线工具在毛坯或半成品工件上划出待加工部位的轮廓线或作为基准的点、线的操作称为划线。

划线的作用：所划的轮廓即为毛坯或工件的加工界限和依据，所划的基准点或线是毛坯或工件安装时的标记或校正线；借划线来检查毛坯或工件的尺寸和形状，并合理地分配各加工表面的余量，及早剔出不合格品，避免造成后续加工工时的浪费；在板料上划线下料，可做到正确排料，使材料得到合理使用。

划线是一项复杂、细致的重要工作，如果将线划错，就会造成加工后的工件报废，因此对划线的要求是：尺寸准确、位置正确、线条清晰、冲眼均匀。划线精度一般在 0.25～0.5 mm 之间，划线精度将直接关系到产品质量。

一、划线工具

按用途划线工具可分为以下几类：基准工具，量具，直接绘划工具，夹持工具等。

（一）基准工具

划线平台是划线的主要基准工具，如图 6-3 所示，其安放要平稳牢固，上平面应保持水平。划线平台的平面各处要均匀使用，以免局部磨凹，其表面不准碰撞也不准敲击，且要经常保持清洁。划线平台长期不用时，应涂油防锈，并加盖保护罩。

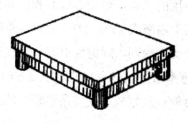

图 6-3　划线平台

（二）量具

量具有钢直尺、90°角尺和高度尺等。普通高度尺又称量高尺，如图 6-4a）所示，由钢直尺和底座组成，使用时配合划针盘量取高度尺寸。高度游标卡尺能直接表示出高度尺寸，其读数精度一般为 0.02 mm，，可作为精密划线工具，如图 6-4b）所示。

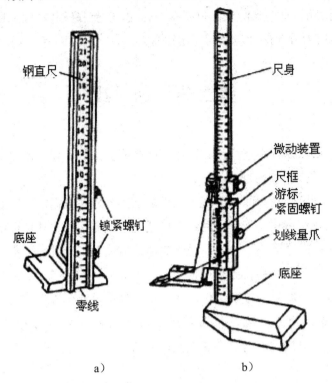

a）　　　　　　　　　　b）

图 6-4　量高尺与高度游标卡尺

a）量高尺；b）高度游标卡尺

（三）直接绘划工具

直接绘划工具有划针、划规、划卡、划线盘和样冲。

1. 划针

划针（是在工件表面划线用的工具，如图 6-5a）和图 6-5b）所示，常用 Φ3～Φ6 mm 的工具钢或弹簧钢丝制成，其尖端磨成 15°～20° 的尖角，并经淬火处理。有的划针在尖端部位焊有硬质合金，这样划针就更锐利，耐磨性更好。划线时，划针要依靠钢直尺 90° 角尺等导向工具而移动，并向外侧倾斜约 15°～20°，向划线方向倾斜约 45°～75°，如图 6-5c）所示。在划线时，要做到尽可能一次划成，使线条清晰、准确。

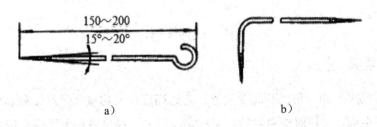

a）　　　　　　　　　　b）

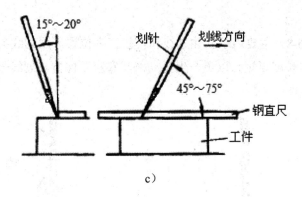

c）

图 6-5　划针的种类及使用方法

a）直划针；b）弯头划针；c）用划针划线

2．划规

划规（见图 6-6）是划圆、弧线、等分线段及量取尺寸等使用的工具，它的用法与制图中圆规相同。

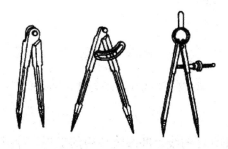

图 6-6　划规

3．划卡

划卡（单脚划规）主要是用来确定轴和孔的中心位置，其使用方法如图 6-7 所示。操作时应先划出四条圆弧线，然后再在圆弧线中冲一样冲点。

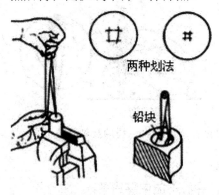

图 6-7　划规

a）定轴心；b）定孔中心

4. 划线盘

划线盘（见图 6-8）主要用于立体划线和校正工件位置。用划线盘划线时，要注意划针装夹应牢固，伸出长度要短，以免产生抖动。其底座要保持与划线平台贴紧，不要摇晃和跳动。

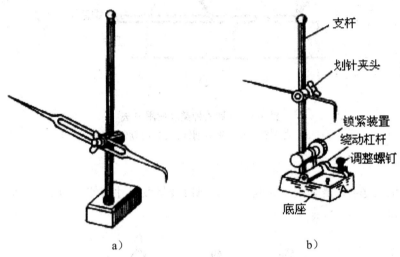

a）　　　　　　　　　　　　　　b）

图 6-8　划线盘

a）普通划线盘；b）可调式划线盘

5. 样冲

样冲（见图 6-9）是在划好的线上冲眼时使用的工具。冲眼是为了强化显示用划针划出的加工界线，也是使划出的线条具有永久性的位置标记，另外它也可作为划圆弧作定心脚点使用。样冲用工具钢制成，尖端处磨成 45°～60°角并经淬火硬化。

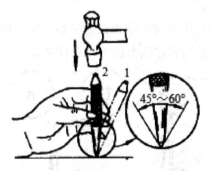

图 6-9　样冲及其用法

冲眼时要注意以下几点：

（1）冲眼位置要准确，冲心不能偏离线条；

（2）冲眼间的距离要以划线的形状和长短而定，直线上可稀，曲线则稍密，转折交叉点处需冲点；

（3）冲眼大小要根据工件材料、表面情况而定，薄的可浅些，粗糙的应深些，软的应轻些，而精加工表面禁止冲眼；

（4）圆中心处的冲眼，最好要打得大些，以便在钻孔时钻头容易对中。

（四）夹持工具

夹持工具有方箱、千斤顶和 V 形架等。

1．方箱

方箱（见图 6-10）是用铸铁制成的空心立方体，它的六个面都经过精加工，其相邻各面互相垂直。方箱用于夹持、支承尺寸较小而加工面较多的工件。通过翻转方箱，可在工件的表面上划出互相垂直的线条。

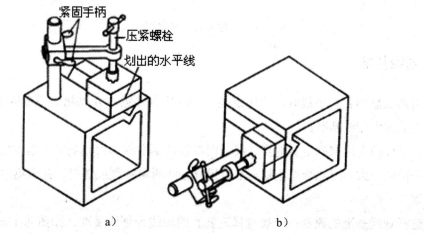

图 6-10　用方箱夹持工件

a）将工件压紧在方箱上，划出水平线；b）方箱翻转划出 90°垂直线

2．千斤顶

千斤顶（见图 6-11）是在平板上作支承工件划线使用的工具，其高度可以调整，通常用三个千斤顶组成一组，用于不规则或较大工件的划线找正。

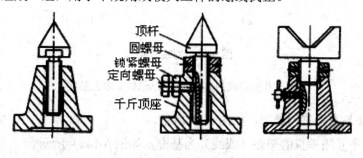

图 6-11　千斤顶

3．V 形架

V 形架（见图 6-12）用于支承圆柱形工件，使工件轴心线与平台平面（划线基面）平行，一般两个 V 形架为一组。

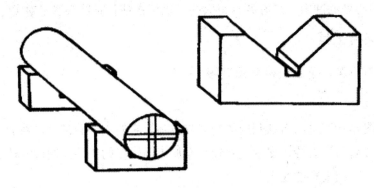

图 6-12　V 形架

二、划线基准

用划线盘划各水平线时，应选定某一基准作为依据，并以此来调节每次划线的高度，这个基准称为划线基准。

在零件图上用来确定其他点、线或面位置的基准称为设计基准，划线时，划线基准与设计基准应一致，因此合理选择基准可提高划线质量和划线速度，并避免由失误引起的划线错误。

选择划线基准的原则：一般选择重要孔的轴线为划线基准，如图 6-13a）所示；若工件上个别平面已加工过，则应以加工过的平面为划线基准，如图 6-13b）所示。

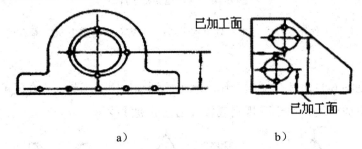

a）　　　　　　　　　　　　　　b）

图 6-13　划线基准

a）以孔的轴线为基准；b）以已加工面为基准

常见的划线基准有三种类型，如图 6-14 所示。

（1）以两个互相垂直的平面（或线）为基准，如图 6-14a）所示。

（2）以一个平面与一对称平面（或线）为基准，如图 6-14b）所示。

（3）以两互相垂直的中心平面（或线）为基准，如图6-14c）所示。

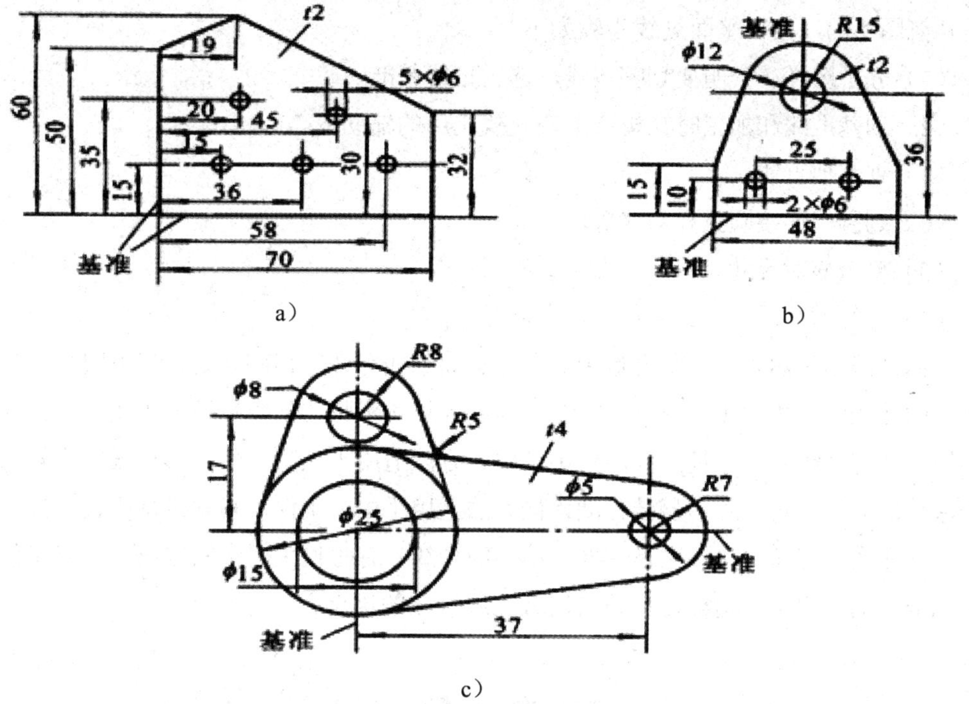

a）

b）

c）

图6-14 划线基准种类

a）以两个互相垂直的平面（或线）为基准；b）以一个平面与一对称平面或线为基准；

c）以两互相垂直的中心面或线为基准

三、划线方法

划线方法分平面划线和立体划线两种。平面划线是在工件的一个平面上划线，如图6-15a）所示；立体划线是平面划线的复合，是在工件的几个表面上划线，即在长、宽、高三个方向划线，如图6-15b）所示。

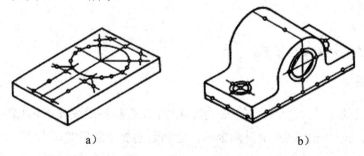

a）   b）

图6-15 平面划线和立体划线

a）平面划线；b）立体划线

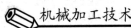

平面划线与平面作图方法类似，即用划针、划规及 90°角尺、钢直尺等在工件表面上划出几何图形的线条。平面划线步骤如下：

（1）分析图样，查明要划哪些线，选定划线基准。

（2）划基准线和加工时在机床上安装找正用的辅助线。

（3）划其他直线。

（4）划圆、连接圆弧和斜线等。

（5）检查核对尺寸。

（6）打样冲眼。

立体划线是平面划线的复合运用，它和平面划线有许多相同之处，其不同之处是在两个以上的面划线，如划线基准一经确定，其后的划线步骤与平面划线大致相同。立体划线的常用方法有两种：一种是工件固定不动，该方法适用于大型工件，其划线精度较高，但生产率较低；另一种是工件翻转移动，该方法适用于中、小件，其划线精度较低，而生产率较高。在实际工作中，特别是中件、小件的划线，有时也采用中间方法，即将工件固定在可以翻转的方箱上，这样便可兼得两种划线方法的优点。

第三节　錾　削

用手锤打击錾子对金属进行切削加工的操作称为錾削。錾削的作用就是錾掉或錾断金属，使其达到所要求的形状和尺寸。錾削具有较大的灵活性，它不受设备、场地的限制，多在机床上无法加工或采用机床加工难以达到要求的情况下使用。

目前，錾削一般用于凿油槽、刻模具及錾断板料等。錾削是钳工需要掌握的基本技能之一。通过錾削工作的锻炼，可提高操作者敲击的准确性，为装拆机械设备（钳工装配、机器修理）奠定基础。

一、錾削工具

錾削工具主要是錾子与手锤。

（一）錾子

錾子应具备的条件：錾子刃部的硬度必须大于工件材料的硬度，并且必须制成楔形（即有一定楔角），这样才能顺利地分割金属，达到錾削加工的目的。

錾子的构造　錾子由锋口（切削刃）、斜面、柄部和头部四个部分组成，如图 6-16 所示，其柄部一般制成棱形，全长 170 mm 左右，直径 Φ18～Φ20 mm。

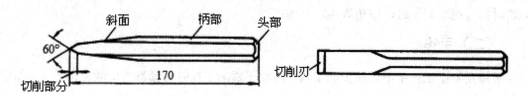

图 6-16　錾子的构造

1．錾子的种类

根据工件加工的需要，一般常用的錾子有以下几种：

（1）扁錾（平口錾）。如图 6-17a）所示，扁錾有较宽的切削刃（刀刃），刃宽一般在 15～20 mm 左右，可用于錾大平面、较薄的板料、直径较细的棒料、清理焊件边缘及铸件与锻件上的毛刺、飞边等；

（2）尖錾（狭錾）。如图 6-17b）所示，尖錾的刀刃较窄一般为 2～10 mm 左右，用于錾槽和配合扁錾錾削宽的平面；

（3）油槽錾。如图 6-17c）所示，油槽錾的刀刃很短并呈圆弧状，其斜面做成弯曲形状，可用于錾削轴瓦和机床润滑面上的油槽等。

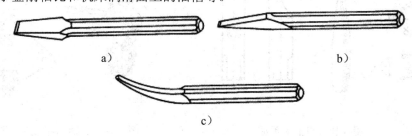

a)　　　　　　　　　　　　　　　　　b)

c)

图 6-17　錾子的种类

a）扁錾；b）尖錾；c）油槽錾

在制造模具或其他特殊场合，如还需要特殊形状的錾子，可根据实际需要锻制。

2．錾子的材料

錾子的材料通常采用碳素工具钢 T7、T8，经锻造并作热处理，其硬度要求是：切削部分 52HRC～57HRC，头部 32HRC～42HRC。

3．錾子的楔角

錾子的切削部分呈楔形，它是由两个平面与一个刀刃所组成，其两个面之间的夹角称为楔角 β。錾子的楔角越大，切削部分的强度越高。錾削阻力加大，不但会使切削困难，而且会将材料的被切面挤切不平，所以应在保证錾子具有足够强度的前提下尽量选取小的楔角值。一般来说，錾子楔角要根据工件材料的硬度来选择：在錾削硬材料（如碳素工具钢）时，楔角取 60°～70°；錾削碳素钢和中等硬度的材料时，楔角取 50°～60°；錾削软材料（铜、铝）时，楔角取 30°～50°。

（二）手锤

手锤是錾削工作中不可缺少的工具，用錾子錾削工件时必须靠手捶的锤击力才能完成錾削。

手锤（见图 6-18）由锤头和木柄两部分组成。锤头用碳素工具钢制成，两端经淬火硬化、磨光等处理，顶面稍稍凸起。锤头的另一端形状可根据需要制成圆头、扁头、鸭嘴或其他形状。手锤的规格以锤头的重量大小来表示，其规格有 0.25 kg（约 0.5 ib）、0.5 kg（约 0.75 ib）、0.75 kg（约 1.5 ib）、1 kg（约 2 ib）等几种。木柄需有坚韧的木质材料制成，其截面形状一般是椭圆形。木柄长度合适，过长操作不方便，过短则不能发挥锤击力量。木柄长度一般以操作者手握锤头、手柄与肘长相等为宜，木柄装锤孔中必须打楔子（见图 6-19），以防锤头脱落伤人。

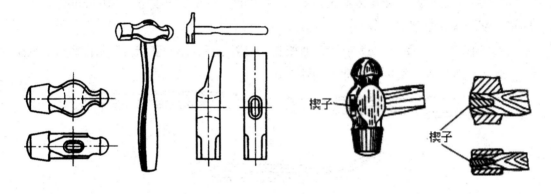

图 6-18　钳工用手锤　　　　图 6-19　锤柄端部打入楔子

二、錾削操作

（一）錾子的握法

握錾的方法随工作条件不同而不同，其常用的方法如图 6-20 所示。

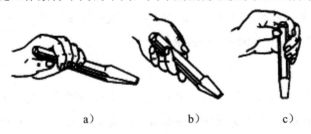

图 6-20　錾子的握法

a）正握法；b）反握法；c）立握法

（1）正握法，如图6-20a）所示。正握法是：手心向下，用虎口夹住錾身，拇指与食指自然伸开，其余三指自然弯曲。这种握法适于在平面上进行錾削。

（2）反握法，如图6-20b）所示。反握法是：手心向上，手指自然捏住錾柄，手心悬空。这种握法适用于小的平面或侧面錾削。

（3）立握法如图6-20c）所示。立握法是：虎口向上，拇指放在錾子一侧，其余四指放在另一侧捏住錾子。这种握法用于垂直錾切工件，如在铁砧上錾断材料等。

（二）手锤的握法

手锤的握法有紧握法、松握法两种。

（1）紧握法，如图6-21）所示。紧握法是：右手五指紧握锤柄，大拇指合在食指上，虎口对准锤头方向，木柄尾端露出 15 mm～30 mm，在锤击过程中五指始终紧握。这种方法因手锤紧握，所以容易疲劳或将手磨破，应尽量少用。

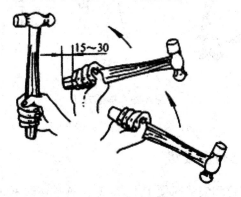

图 6-21　手锤的紧握法

（2）松握法，如图6-22所示。松握法是：在锤击过程中，拇指与食指仍卡住锤柄，其余三指稍有自然松动并压着锤柄，锤击时三指随冲击逐渐收拢。这种握法的优点是轻便自如、锤击有力、不易疲劳，故常在操作中使用。

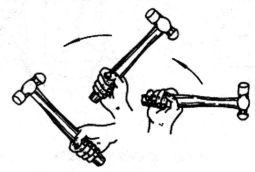

图 6-22　手锤的松握法

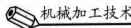

（三）挥捶方法

挥捶方法有腕挥、肘挥和臂挥三种。

（1）腕挥，如图6-23a）所示。腕挥是指单凭腕部的动作，挥捶敲击。这种方法锤击力小，适用錾削开始与收尾，或錾油槽、打样冲眼等用力不大的地方。

（2）肘挥，如图6-23b）所示。肘挥是靠手腕和肘的活动,也就是小臂的挥动来完成挥锤动作。挥锤时，手腕和肘向后挥动，上臂不大动，然后迅速向錾子顶部击去。肘部的锤击力较大，应用最广。

（3）臂挥，如图6-23c）所示。臂挥靠的是腕、肘和臂的联合动作，也就是挥锤时手腕和肘向后上方伸，并将臂伸开。臂挥的锤击力大，适用于要求锤击力大的錾削工作。

图 6-23　挥捶方法

a）腕挥；b）肘挥；c）臂挥

（四）錾削时的步位和姿势

錾削时，操作者的步位和姿势应便于用力，操作者身体的重心偏于右腿，挥锤要自然，眼睛应正视錾刃而不是看錾子的头部，錾削时的步位和正确姿势如图6-24所示。

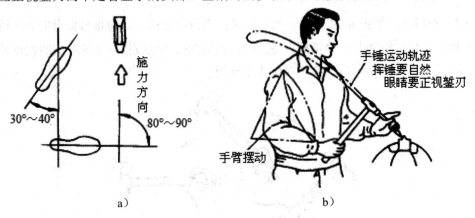

图 6-24　錾削时的步位和姿势

a）步位；b）姿势

（五）錾削时的主要角度对錾削的影响

在錾削过程中錾子需与整削平面形成一定的角度，如图 6-25 所示。

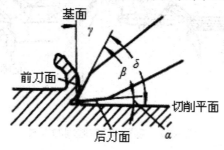

图 6-25 錾削时的角度

各角度主要作用如下：

（1）前角 γ（前刀面与基面之间的夹角）的作用是减少切屑变形并使錾削轻快，前角愈大，切削愈省力。

（2）后角 α（后刀面与切削平面之间的夹角）的作用是减少后刀前刀面与已加工面间的摩擦，并使錾子容易切工件。

（3）切削角 δ（前刀面与切削平面之间的夹角）的大小对錾削质量、錾削工作效率有很大关系。由 $\delta = \beta + \alpha$ 可知，δ 的大小由 β 和 α 确定，而楔角 β 是根据被加工材料的软、硬程度选定的，在工作中是不变的，所以切削角的大小取决于后角 α。后角过大，使錾子切入工件太深，錾削困难，甚至损坏錾子刃口和工件，如图 6-26a）所示，后角太小，錾子容易从材料表面滑出，或切很浅，效率不高，所以錾削时后角是关键角度，α 一般以 $5^0 \sim 8^{\circ}$ 为宜。在錾削过程中，应掌握好錾子，以使后角保持稳定不变，否则工件表面将錾得高低不平。

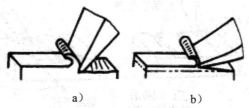

a） b）

图 6-26 后角大小对錾削的影响

a）后角太大；b）后角太小

（六）錾削要领

起錾时，錾子尽可能向右倾斜约 45° 左右，如图 6-27 所示，从工件尖角处向下倾斜 30°，轻打錾子，这样錾子便容易切入材料，然后按正常的錾削角度，逐步向中间錾削。

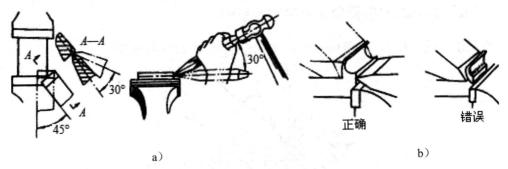

a)   b)

图 6-27 起錾和结束錾削的方法

a）起錾的方法；b）结束錾削的方法

当錾削到距工件尽头约 10 mm 左右时，应调转錾子錾掉余下的部分如图 6-27b）所示，这样，可以避免单向錾削到终了时边角崩裂，保证錾削质量，这在錾削脆性材料时尤其应该注意。在錾削过程中每分钟锤击次数在 40 次左右。刃口不要老是顶住工件，每錾二、三次后，可将錾子退回一些，这样既可观察錾削刃口的平整度，又可使手臂肌肉放松一下，效果较好。

三、錾削应用实例

（一）錾削平面

较窄的平面可以用平錾进行，每次錾削厚度约 0.5～2 mm，对宽平面，应先用窄錾开槽，然后用平錾錾平，如图 6-28 所示。

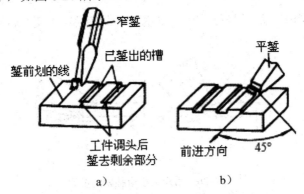

a)   b)

图 6-28 錾宽平面

a）先开槽；b）錾成平面

（二）錾油槽

錾削油槽时，要选用与油槽宽度相同的油槽錾錾削，如图 6-29 所示，油槽必须錾得深浅均匀，表面光滑。在曲面上整油槽时，錾子的倾斜角要灵活掌握，应随曲面而变动并保持錾削时后角不变，以使油槽的尺寸、深度和表面粗糙度达到要求，錾削后还需用刮刀裹以砂布修光。

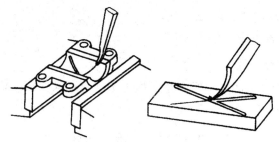

图 6-29 錾油槽

（三）錾断

錾断薄板（厚度 4 mm 以下）和小直径棒料（Φ13 mm 以下）可在台虎钳上进行，如图 5-30a）所示，即用扁錾沿着钳口并斜对着板料约成 45°角自右向左削。对于较长或大型板料，如果不能在台虎钳上进行，可以在铁砧上錾断，如图 6-30b）所示。

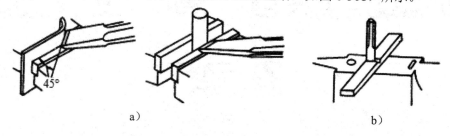

a）   b）

图 6-30 錾断

a）錾薄板和小直径棒料；b）较长或大型板料的錾断

当錾断形状复杂的板料时，最好在工件轮廓周围钻出密集的排孔，然后再錾断。对于轮廓的圆弧部分，宜用狭錾錾断；对于轮廓的直线部分，宜用扁錾錾削，如图 6-31 所示。

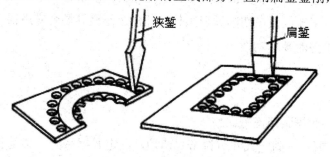

图 6-31 弯曲部分的錾断

四、錾削质量问题

錾削中常见的质量问题有三种：

（1）錾过了尺寸界线。

（2）錾崩了棱角或棱边。

（3）夹坏了工件的表面。

以上三种质量问题产生的主要原因是操作时不认真和操作技术还未充分掌握。

第四节　锯　削

锯削是用手锯对工件或材料进行分割的一种切削加工。锯削的工作范围包括各种材料或半成品，如图 6-32a）所示；锯掉工件上多余部分，如图 6-32b）所示；在工件上锯槽，如图 6-32c）所示。

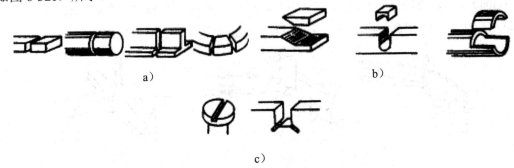

图 6-32　锯削实例

a）分割材料；b）锯掉多余（中图系先钻孔后锯）；c）剔槽

虽然当前各种自动化、机械化的切割设备已被广泛地采用，但是手锯切削还是常见，这是因为它具有方便、简单和灵活的特点，不需任何辅助设备，不消耗动力。在单件小批量生产时，在临时工地以及在切削异形工件、开槽及修整等场合应用很广，因此，手工锯削也是钳工需要掌握的基本功之一。

一、手锯

手锯包括锯弓和锯条两部分。

（1）锯弓。锯弓分固定式和可调节式两种。固定式锯弓的弓架是整体的，只能装一种长度规格的锯条，如图 6-33a）所示；可调式锯弓的弓架分成前后两段，由于前段在后段套内可以伸缩，因此可以安装几种长锯规格的锯条，如图 6-33b）所示。

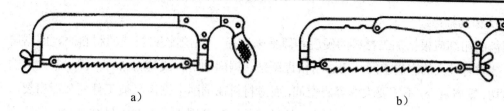

a)   b)

图6-33 锯弓的构造

a）固定式；b）可调式

（2）锯条。锯条用工具钢制成，并经热处理淬硬。锯条规格以锯条两端安装孔间的距离表示，常用的手工锯条长300 mm、宽12 mm、厚0.8 mm。锯条的切削部分是由许多锯齿组成的，每一个齿相当于一把錾子，起切削作用。常用的锯条后角 α 为40°～45°、楔角 β 为45°～50°、前角 γ 约为0°，如图6-34所示。

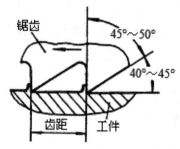

图6-34 锯齿的形状

在制造锯条时，把锯齿按一定形状左右错开，排列成一定的形状，这被称为锯路。锯路有交叉及波浪等不同排列形状，如图6-35所示，其作用是使锯缝宽度大于锯条背部的厚度，其目的是防止锯割时锯条卡在锯缝中，这样就可减少锯条与锯缝的摩擦阻力，并使排屑顺利，锯削省力，提高工作效率。

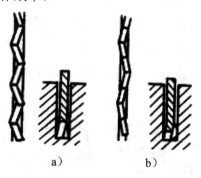

a)   b)

图6-35 锯齿的排列形状

a）交叉排列；b）波浪排列

锯齿的粗细是按锯条上每25 mm长度内的齿数来表示的，14～18齿为粗齿，24齿为中齿，32 齿为细齿。

锯齿的粗细应根据加工材料的硬度和厚薄来选择。锯削软材料或厚材料时，因锯屑较多，要求有较大的容屑空间，应选用粗齿锯条。锯削硬材料或薄材料时，因材料硬，锯齿不易切，锯屑量少，不需要大的容屑空间，而薄材料在锯削中锯齿易被工件勾住而崩裂，需要多齿同时工作（一般要有三个齿同时接触工件），使锯齿承受的力量减少，所以这两种情况应选用细齿锯条。一般中等硬度材料选用中齿锯条。

二、锯削操作

（一）工件的夹持

工件尽可能夹持在台虎钳的左面，以方便操作；锯削线应与钳口垂直，以防锯斜；锯削线离钳口不应太远，以防锯时产生颤抖。工件夹持应稳当、牢固，不可有抖动，以防锯削时工件移动而使锯条折断，同时也要防止夹坏已加工表面和夹紧力过大使工件变形。

（二）锯条的安装

手锯是在向前推时进行切削的，在向后返回时不起切削作用，因此安装锯条时要保证齿尖的方向朝前。锯条的松紧要适当，太紧失去了应有的弹性，锯条易崩断，太松会使锯条扭曲，锯缝歪斜，锯条也容易折断。

（三）起锯

起锯是锯削工作的开始，起锯的好坏直接影响锯削质量，起锯的方式有远边起锯和近边起锯两种。一般情况下采用远边起锯，如图 6-36a）所示，因为此时锯齿是逐步切材料，不易被卡住，起锯比较方便；如采用近边起锯，如图 6-36b）所示，掌握不好时，锯齿由于突然锯入且较深，容易被工件棱边卡住，甚至崩断或崩齿。无论采用哪一种起锯方法，起锯角以 15°为宜，如起锯角太大，则锯齿易被工件棱边卡住，起锯角太小，则不易切入材料，锯条还可能打滑，把工件表面锯坏，如图 6-36c）所示。为了使起锯的位置准确和平稳，可用左手大拇指挡住锯条来定位，而起锯时压力要小，往返行程要短，速度要慢，这样可使起锯平稳。

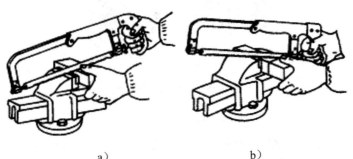

a)   b)

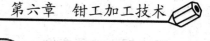

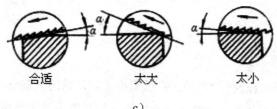

图 6-36　起锯方法

a）远边起锯；b）近边起锯；c）起锯角太大或太小

（四）锯削的姿势

锯削时的站立姿势与錾削相似，人体重量均分在两腿上，右手握稳锯柄，左手扶在锯弓前端，锯削时推力和压力主要由右手控制，如图 6-37 所示。

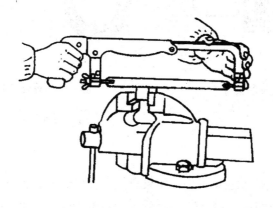

图 6-37　手锯的握法

推锯时，锯弓运动方式有两种：一种是直线运动，适用于锯缝底面要求平直的槽和薄壁工件的锯削；另一种是锯弓作上、下摆动，这样操作自然，两手不易疲劳。手锯在回程中因不进行切削故不要施加压力，以免锯齿磨损。在锯削过程中锯齿崩落后，应将邻近几个齿都磨成圆弧，如图 6-38 所示，才可继续使用，否则会连续崩齿直至锯条报废。

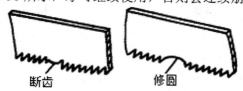

图 6-38　崩齿修磨

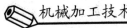

三、锯削应用实例

（一）圆管锯削

锯薄管时应将管子夹在两块木制的 V 形槽垫之间，以防夹扁管子，如图 6-39 所示。锯削时不能从一个方向锯到底，如图 6-40b）所示，其原因是锯齿锯穿管子内壁后，锯齿即在薄壁上切削，受力集中，很容易被管壁勾住而折断。圆管锯削的正确方法是:多次变换方向进行锯削，每一个方向只能锯到管子的内壁处，随即把管子转过一个角度，一次一次地变换，逐次进行锯切，直至锯断为止，如图 6-40a）所示，另外在变换方向时应使已锯部分向锯条推进方向转动，不要反转，否则锯齿也会被管壁勾住。

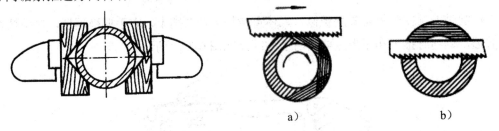

图 6-39 管子的夹持

图 6-40 锯管子的方法

a）正确；b）不正确

（二）薄板锯削

锯削薄板时应尽可能从宽面锯下去，如果只能在板料的窄面锯下去时，可将薄板夹在两木板之间一起锯削，如图 6-41a）所示，这样可避免锯齿勾住，同时还可增加板的刚性。当板料太宽，不便台虎钳装夹时，应采用横向斜推锯削，如图 6-41b）所示。

图 6-41 薄板锯削

a）用木板夹持；b）横向斜推锯削

（三）深缝锯削

当锯缝的深度超过锯弓的高度时，如图 6-42a）所示，应将锯条转过 90°重新安装，把锯弓转到工件旁边，如图 6-42b）所示。锯弓横下来后锯弓的高度仍然不够时，也可按图 6-42c）所示将锯条转过 180°把锯条锯齿安装在锯弓内进行锯削。

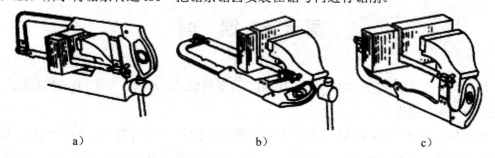

a）　　　　　　　　　　　b）　　　　　　　　　　　c）

图 6-42　深缝的锯削方法

a）锯缝深度超过锯弓高度；b）将锯条转过 90°安装；c）将锯条转过 180°安装

四、锯削质量与质量检查

（一）锯条损坏原因及预防办法

锯条损坏形式主要有锯条折断、锯齿崩裂和锯齿过早磨钝，其产生的原因及预防方法如表 6-1 所示。

表 6-1　锯条损坏原因及预防方法

锯条损坏形式	原因	预防方法
锯条折断	（1）锯条装得过紧、过松； （2）工件装夹不准确，产生抖动或松动； （3）锯缝歪斜，强行纠正； （4）压力太大，起锯较猛； （5）旧锯缝使用新锯条	（1）注意装得松紧适当； （2）工件夹牢，锯缝应靠近钳口； （3）扶正锯弓，按线锯削； （4）压力适当，起锯较慢； （5）调换厚度合适的新锯条，调转工件再锯
锯齿绷裂	（1）锯条粗细选择不当； （2）起锯角度和方向不对； （3）突然碰到砂眼、杂质	（1）正确选用锯条； （2）选用正确的起锯方向和角度； （3）碰到砂眼时应减小压力
锯齿很快磨损	（1）锯削速度太快； （2）锯削时末加冷却液	（1）锯削速度适当减慢； （2）可选用冷却液

（二）锯削质量问题及产生的原因和预防方法

锯削时产生废品的种类有：工件尺寸锯小，锯缝歪斜超差，起锯时工件表面拉毛。前两种废品产生的原因主要是锯条安装偏松，工件末夹紧而产生抖动和松动，推锯压力过大，换用新锯条后在旧锯缝中继续锯削；起锯时工件表面拉毛的现象是起锯不当和速度太快造成的。预防方法是：加强责任心，逐步掌握技术要领，提高技术水平。

第五节 锉 削

用锉刀对工件表面进行切削，使它达到零件图所要求的形状、尺寸和表面粗糙度，这种加工方法称为锉削。

锉削加工简便，工作范围广，多用于錾削和锯削之后。锉削可对工件上的平面、曲面、内外圆弧沟槽以及其他复杂表面进行加工，其最高加工精度可达 IT8～IT7 级，表面粗糙度可达 $R_a=0.8~\mu m$。锉削可用于成形样板、模具型腔以及部件、机器装配时的工件修整，是钳工主要操作方法之一。

一、锉刀

（一）锉刀的材料

锉刀是锉削的主要工具，常用碳素工具钢 T12、T13 制成，并经热处理淬硬至 62HRC～67HRC。

（二）锉刀的组成

锉刀由锉刀面、锉刀边、锉刀舌、锉刀尾及木柄等部分组成，如图 6-43 所示。

图 6-43 锉刀各部分的名称

（三）锉刀的种类和选用

1. 锉刀的种类

按用途，锉刀可分为钳工锉、特种锉和整形锉三类。

（1）钳工锉（见图 6-44）按其截面形状可分为平锉、方锉、圆锉、半圆锉和三角锉五种；按其长度可分 100 mm、150 mm、200 mm、250 mm、300 mm、350 mm 及 400 mm 等七种；按其齿纹可分单齿纹和双齿纹；按其齿纹粗细可分粗齿、中齿、细齿、粗油光（双细齿）和细油光五种。

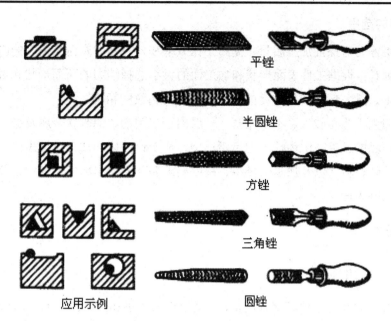

图 6-44　钳工锉

（2）整形锉（见图 6-45）主要用于精细加工及修整工件上难以机加工的细小部位，由若干把各种截面形状的锉刀组成一套。

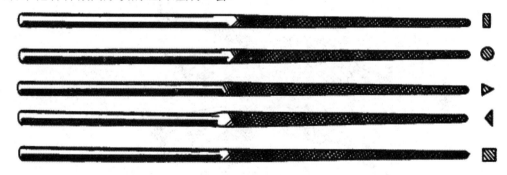

图 6-45　整形锉

（3）特种锉可用于加工零件上的特殊表面，它有直的、弯曲的两种，其截面形状很多，如图 6-46 所示。

图 6-46　特种锉及截面形状

2．锉刀的选用

合理选用锉刀对保证加工质量、提高工作效率和延长锉刀寿命有很大的影响。锉刀的一般选择原则是：根据工件表面形状和加工面的大小选择锉刀的断面形状和规格，根据材料软硬、加工余量、精度和粗糙度的要求选择锉刀齿纹的粗细。

粗齿锉刀由于齿距较大、不易堵塞，一般用于锉削铜、铝等软金属及加工余量大、精度低和表面粗糙的工件，中齿锉刀刀齿距适中，适于粗锉后的加工；细齿锉刀可用于锉削刚、铸铁（较硬材料）以及加工余量小、精度要求高和表面粗糙度值低的工件；油光锉用于最后修光工件表面。

二、锉削操作

（一）锉刀的握法

正确握持锉刀有助于提高锉削质量，可根据锉刀大小和形状的不同，采用相应的握法。

（1）大锉刀的握法。大锉刀的握法是：右手心抵着锉刀木柄的端头，大拇指放在锉刀木柄的上面，其余四指弯在下面，配合大拇指捏住锉刀木柄；左手则根据锉刀大小和用力的轻重，可选择多种姿势，如图 6-47 所示。

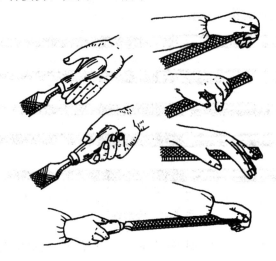

图 6-47　大锉刀的握法

（2）中锉刀的握法。中锉刀的握法的右手握法与大锉刀握法相同，而左手则需用大拇指和食指捏住锉刀前端，如图 6-48a）所示。

（3）小锉刀的握法。小锉刀的握法是：右手食指伸直，拇指放在锉刀木柄上面，食指靠在锉刀的刀边，左手几个手指压在锉刀中部，如图 6-48b）所示。

（4）更小锉刀（整形锉）的握法。更小锉刀握法一般只用右手拿着锉刀，食指放在锉刀上面，拇指放在锉刀的左侧，如图 6-48c）所示。

图 6-48 中小锉刀的握法

a）中锉刀的握法；b）小锉刀的握法；c）更小锉刀的握法

（二）锉削的姿势

正确的锉削姿势，能够减轻疲劳，提高锉削质量和效率。人站立的位置与錾削时基本相同，即左腿弯曲，右腿伸直，身体向前倾斜，重心落在左腿上。

锉削时，两脚站稳不动，靠左膝的屈伸使身体作往复运动，手臂和身体的运动要互相配合，并要使锉刀的全长充分利用。开始锉削时身体要向前倾斜 10° 左右，左肘弯曲，右肘向后，如图 6-49a）所示。锉刀推出三分之一行程时，身体要向前倾斜约 15° 左右，如图 6-49b）所示，这时左腿稍弯曲，左肘稍直，右臂向前推。锉刀推到三分之二行程时，身体逐渐倾斜到 18° 左右，如图 6-49c）所示，最后左腿继续弯曲，左肘渐直，右臂向前使锉刀继续推进，直到推尽，身体随着锉刀的反作用方向退回到 15° 位置，如图 6-49d）所示。行程结束后，把锉刀略为抬起，使身体与手回复到开始时的姿势，如此反复。

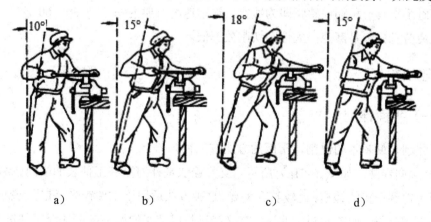

图 6-48 锉削动作

a）开始锉削时；b）锉刀推出 1/3 行程时；c）锉刀推到 2/3 行程时；d）锉刀行程推尽时

（三）锉削力的运用

锉削时锉刀的平直运动是完成锉削的关键步骤。锉削的力量有水平推力和垂直压力两种，推力主要由右手控制，其大小必须大于切削阻力才能锉去切屑，压力是由两手控制的，其作用是使锉齿深入金属表面。由于锉刀两端伸出工件的长度随时都在变化，因此两手压力大小也必须随之变化，即两手压力对工件中心的力矩应相等，这是保证锉刀平直运动的关键。保证锉刀平直运动的方法是：随着锉刀的推进，左手压力应由大而逐渐减小，右手的压力则由小而逐渐增大，到中间时两手压力相等，如图 6-50 所示。

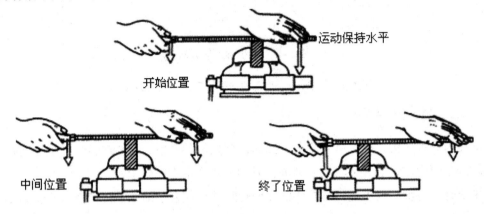

图 6-50 锉削时施力的变化

只有掌握了锉削平面的技术要领，才能使锉刀在工作的任意位置时，锉刀两端压力对工件中心的力矩保持平衡，否则，锉刀就不会平衡，工件中间将会产生凸面或鼓形面。

锉削时，因为锉齿存屑空间有限，对锉刀的总压力不能太大。压力太大只能使锉刀磨损加快，但压力也不能过小，压力过小锉刀打滑，则达不到切削目的，一般来说，在锉刀向前推进时手上有一种韧性感觉即为适宜。锉削速度一般为每分钟 30～60 次，太快，操作者容易疲劳且锉齿易磨钝；太慢，切削效率低。

三、锉削方法

（一）平面锉削

平面锉削是最基本的锉削，常用的方法有三种：

（1）顺向锉法，如图 6-51a）所示。交叉锉法是锉刀沿着工件表面横向或纵向移动，锉削平面可得到正直的锉痕，比较整齐美观。这种方法适用于工件锉光、锉平或锉顺锉纹。

（2）交叉锉法，如图 6-51b）所示。交叉锉法是以交叉的两方向顺序对工件进行锉削。由于锉痕是交叉的，容易判断锉削表面的不平程度，因而也容易把表面锉平。交叉锉法去屑较快，适用于平面的粗锉。

（3）推锉法，如图 6-51c）所示。推锉法是两手对称地握住锉刀，用两大拇指推锉刀进行锉削。这种方法适用于对表面较窄且已经锉平、加工余量很小的工件进行修正尺寸和减小表面粗糙度。

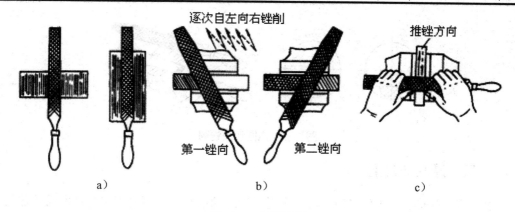

图 6-51 平面锉削

a）顺向锉法；b）交叉锉法；c）推锉法

（二）圆弧面（曲面）的锉削

1. 外圆弧面锉削

锉刀要同时完成两个运动：锉刀的前推运动和绕圆弧面中心的转动。前推是完成锉削，转动是保证锉出圆弧面形状。

常用的外圆弧面锉削方法有滚锉法和横锉法两种。滚锉法是使锉刀顺着圆弧面锉削，此法用于精锉外圆弧面，如图 6-52a）所示；横锉法是使锉刀横着圆弧面锉削，此法用于粗锉外圆弧面域不能用滚锉法加工的情况，如图 6-52b）所示。

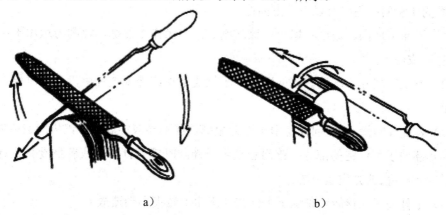

图 6-52 外圆弧面锉削

a）滚锉法；b）横锉法

2. 内圆弧面锉削

如图 6-53 所示锉刀要同时完成三个运动：锉刀的前推运动、锉刀的左右移动和锉刀自身的转动，如缺少任一项运动都将锉不好内圆弧面。

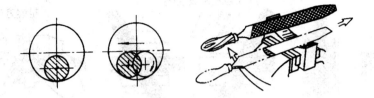

图 6-53　内圆弧面锉削

（三）通孔的锉削

根据通孔的形状、工件材料、加工余量、加工精度和表面粗糙度来选择所需的锉刀进行通孔的锉削，通孔的锉削方法见图 6-54 所示。

图 6-54　通孔的锉削

四、锉削质量与质量检查

（一）锉削质量问题

锉削的质量问题主要有以下几方面：

（1）平面出现凸、塌边和塌角。该问题是由于操作不熟练，锉削力运用不当或锉刀选用不当造成的。

（2）形状、尺寸不准确。该问题是由于划线错误或锉削过程中没有及时检查工件尺寸造成的。

（3）表面较粗糙 。该问题是由于锉刀粗细选择不当或锉屑卡在锉齿间造成的。

（4）锉掉了不该锉的部分。该问题是由于锉削时锉刀打滑，或者是没有注意带锉齿工作边和不带锉齿的光边造成的。

（5）工件夹坏。该问题是由于工件在台虎钳上装夹不当造成的。

（二）锉削质量检查

锉削质量检查主要包括以下几方面：

（1）检查直线度。用刚直尺和 90°角尺以透光法来检查工件的直线度，如图 6-55a）所示。

（2）检查垂直度。用 90°角尺采用透光法检查，其方法是：先选择基准面，然后对其他各面进行检查，如图 6-55b）所示。

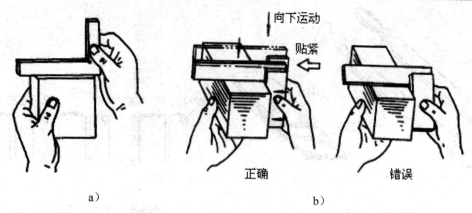

图6-55　用90°角尺检查直线度和垂直度

a）检查直线度；b）检查垂直度

（3）检查尺寸。检查尺寸是指用游标卡尺在工件全长不同的位置上进行数次测量。

（4）检查表面粗糙度。检查表面粗糙度一般用眼睛观察即可，如要求准确，可用表面粗糙度样板对照进行检查。

第六节　刮　削

用刮刀在工件已加工表面上刮去一层很薄金属的操作叫刮削。刮削时刮刀对工件既有切削作用，又有压光作用。经刮削的表面可留下微浅刀痕，形成存油空隙，减少摩擦阻力，这可以改善表面质量，降低表面粗糙度，提高工件的耐磨性，还能使工件表面美观。刮削是一种精加工方法，常用于零件上互相配合的重要滑动表面，如机床导轨、滑动轴承等，以使其均匀接触。在机械制造、工具、量具制造和修理工作中刮削占有重要地位，得到了广泛的应用。刮削的缺点是生产率低，劳动强度大。

一、刮削用工具

（一）刮刀

刮刀一般用碳素工具钢 T1OA～Tl2A 或轴承钢锻成，也有的刮刀头部焊上硬质合金用以刮削硬金属。刮刀可分为平面刮刀和曲面刮刀两类。

1. 平面刮刀

平面刮刀用于刮削平面，有普通刮刀和活头刮刀两种，如图 6-56a）和图 6-56b）所示。活头刮刀除机械夹固外，还可用焊接方法将刀头焊在刀杆上。平面刮刀按所刮表面精度又可分为粗刮刀、细刮刀和精刮刀三种，其头部形状（刮削刃的角度）如图 6-57 所示。

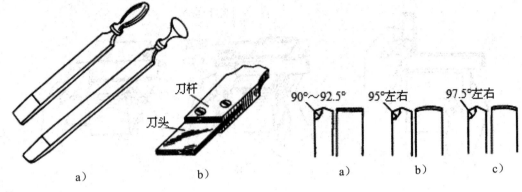

图 6-56　平面刮刀

a）普通刮刀；b）活头刮刀

图 6-57　平面刮刀头部形状

a）粗刮刀；b）细刮刀；c）精刮刀

2. 曲面刮刀

曲面刮刀用来刮削内弧面（主要是滑动轴承的轴瓦），其样式很多（如图 6-58 所示），其中以三角刮刀最为常见。

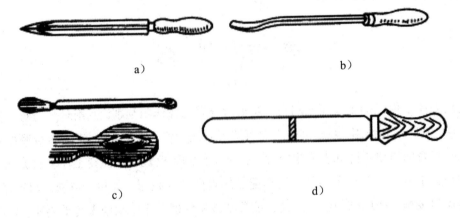

图 6-58　曲面刮刀

a）三角刮刀；b）匙形刮刀；c）蛇头刮刀；d）圆头刮刀

（二）校准工具

校准工具有两个作用：一是用来与刮削表面磨合，以接触点子的多少和分布的疏密程度来显示刮削表面的平整程度，提供刮削的依据；二是用来检验刮削表面的精度。

刮削平面的校准工具如图 6-59 所示，主要有：校准平板为检验和磨合宽平面用的工具；桥式直尺；工字形直尺为检验和磨合长而窄平面用的工具；角度直尺为用来检验和磨合燕尾形或 V 形面的工具。

刮削内圆弧面时，常采用与之相配合的轴作为校准工具，如无现成轴时，可自制一根标准心轴作为校准工具。

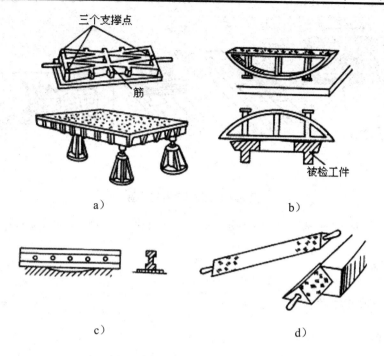

图 6-59 平面刮削用校准工具

a）校准平板；b）桥形直尺；c）工字形直尺；d）角度直尺

（三）显示剂

显示剂是为了显示被刮削表面与标准表面间贴合程度而涂抹的一种辅助材料，显示剂应具有色泽鲜明、颗粒极细、扩散容易、对工件没有磨损及无腐蚀性等特点，且价廉易得。目前常用的显示剂及用途如下：

（1）红丹粉。红丹粉用氧化铁或氧化铝加机油调成，前者呈紫红色，后者呈橘黄色，其多用于铸铁和钢的刮削。

（2）蓝油。蓝油用普鲁士蓝加蓖麻油调成，多用于铜和铝的刮削。

二、刮削质量的检验

刮削质量要根据刮削研点的多少、高低误差、分布情况及粗糙度来确定。

（1）刮削研点的检查，如图 6-60a）所示，用边长为 25 mm 的方框来检查，刮削精度以方框内的研点数目来表示。

（2）刮削面平面度、直线度的检查，如图 6-60b）所示，机床导轨等较长的工件及大平面工件的平面度和直线度，可用水平仪进行检查。

（3）研点高低的误差检查，如图 6-60c）所示，用百分表在平板上检查，小工件可以固定百分表，移动工件；大工件则固定工件，移动百分表来检查。

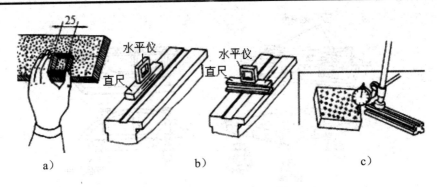

图 6-60　刮削质量的检验

a）用方框检查研点；b）用水平仪检查刮削精度；c）用百分表检验平面

三、平面刮削

（一）刮削方式

刮削方式有挺刮式和手刮式两种。

（1）挺刮式，如图 6-61a）所示。挺刮式是将刮刀柄放在小腹右下侧，在距刀刃约 80～100 mm 处双手握住刀身，用腿部和臂部的力量使刮刀向前挤刮。当刮刀开始向前挤时，双手加压力，在推挤中的瞬间，右手引导刮刀方向，左手控制刮削，到需要长度时，将刮刀提起。

（2）手刮式，如图 6-61b）所示。手刮式是右手握刀柄，左手握在距刮刀约 50 mm 处，刮刀与刮削平面约成 25°～30°角，刮削时右臂向前推，左手向下压并引导刮刀方向，双手动作与挺刮式相似。

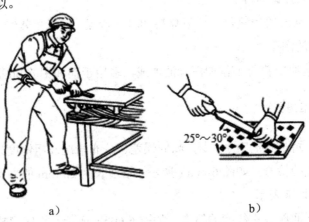

图 6-61　平面刮削方式

a）挺刮式；b）手刮式

（二）刮削步骤

刮削的具体操作步骤如下：

（1）粗刮。若工件表面比较粗糙、加工痕迹较深或表面严重生锈、不平或扭曲、刮削余量在 0.05 mm 以上时，应先粗刮。粗刮的特点是采用长刮刀，行程较长（10～15 mm 之间），刀痕较宽（10 mm），刮刀痕迹顺向，成片不重复。机械加工的刀痕刮除后，即可研点，并按显出的高点刮削。当工件表面研点每 25 mm×5 mm 上为 4～6 点并留有细刮加工余量时，可开始细刮。

（2）细刮。细刮就是将粗刮后的高点刮去，其特点是采用短刮法（刀痕宽约 6 mm，长 5～10 mm），研点分散快。细刮时要朝着一定方向刮，刮第二遍时要成 45°或 60°方向交叉刮出网纹。当平均研点每 25 mm×25 mm 上为 10～14 点时，即可结束细刮。

（3）精刮。在细刮的基础上进行精刮，采用小刮刀或带圆弧的精刮刀，刀痕宽约 4 mm，平面研点每 25 mm×25 mm 上应为 20～25 点，常用于检验工具、精密导轨面、精密工具接触面的刮削。

（4）刮花。刮花的作用一是美观，二是有积存润滑油的功能。一般常见的花纹有：斜花纹、燕形花纹和鱼鳞花纹等。另外，还可通过观察原花纹的完整和消失的情况来判断平面工作后的磨损程度。

（三）原始平板刮削方法

刮削原始平板一般采用渐近法，即不用标准平板，而以三块平板依次循环互刮，来达到平板的平面度。这种方法是一种传统的刮研方法，整个刮削过程如图 6-62 所示。

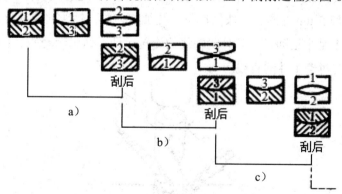

图 6-62　原始平板刮削方法

a）一次循环；b）二次循环；c）三次循环

在刮削原始平板时应掌握下列原则：每刮一个阶段后，必须改变基准，否则不能提高其精度，在每一阶段中，均以一块为基准去刮另外两块。

四、曲面刮削

对于要求较高的某些滑动轴承的轴瓦，通过刮削，可以得到良好的配合。刮削轴瓦时用三角刮刀，而研点子的方法是在轴上涂上显示剂（常用蓝油），然后与轴瓦配研。曲面刮削原理和平面刮削一样，只是曲面刮削使用的刀具和掌握刀具的方法和平面刮削有所不同，如图 6-63 所示。

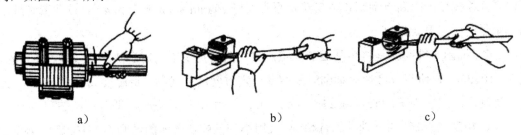

a)   b)   c)

图 6-63   内曲面的显示方法与刮削姿势

a）显示方法；b）短刀柄刮削姿势；c）长刀柄刮削姿势

第七节   钳工加工技术的实际应用

一、钻孔

用钻头在实心工件上加工孔叫钻孔，钻孔的加工精度一般在 IT10 级以下，钻孔的表面粗糙度为 $R_a = 12.5$ μm 左右。一般情况下，孔加工刀具（钻头）应同时完成两个运动，如图 6-64 所示，1 是主运动，即刀具绕轴线的旋转运动（切削运动），2 是进给运动，即刀具沿着轴线方向对着工件的直线运动。

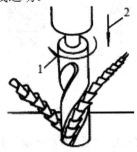

图 6-64   钻孔时钻头的运动

（一）钻床

常用的钻床有台式钻床、立式钻床和摇臂钻床三种，手电钻也是常用的钻孔工具。

1. 台式钻床

台式钻床（见图 6-65）简称台钻，是一种放在工作台上使用的小型钻床。台钻重量轻，移动方便，转速高（最低转速在 400 r/min 以上），适于加工小型零件上直径≤13 mm 的小孔，其主轴进给是手动的。

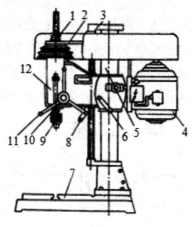

图 6-65　台式钻床

1-塔轮；2-V 带；3-丝杆架；4-电动机；5-立柱；6-锁紧手柄；7-工作台；

8-升降手柄；9-钻夹头；10-主轴；11-进给手柄；12-头架

2. 立式钻床

立式钻床（见图 6-66）简称立钻，基规格是用最大钻孔直径表示的，常用的立钻规格有 25 mm、35 mm、40 mm 和 50 mm 等几种。

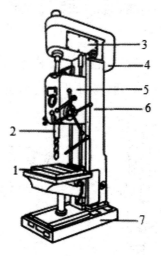

图 6-66　立式钻床

1-工作台；2-主轴；3-主轴变速箱；4-电动机；5-进给箱；6-立柱；7-机座

立钻与台钻相比，功率大，因而允许采用较高的切削用量，生产效率较高，加工精度也较高。立钻主轴的转速和走刀量变化范围大，而且可以自动走刀，因此可适应不同的刀具进行钻孔、扩孔、锪孔、铰孔及攻螺纹等多种加工。立钻适用于单件、小批量生产中的中、小型零件的加工。

3. 摇臂钻床

摇臂钻床（见图6-67）机构完善，它有个能绕立柱旋转的摇臂，摇臂带动主轴箱可沿立柱垂直移动，同时主轴箱还能在摇臂上作横向移动。由于结构上的这些特点，操作时能很方便地调整刀具位置以对准被加工孔的中心，而无需移动工件来进行加工。此外，主轴转速范围和进给量范围很大，因此适用于大工件及多孔工件的加工。

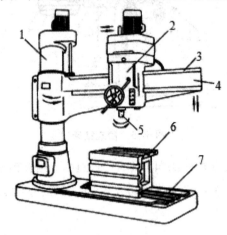

图 6-67　摇臂钻床

1-立柱；2-主轴箱；3-摇臂导轨；4-摇臂；5-主轴；6-工作台；7-机座

4. 手电钻

手电钻（见图6-68）主要用于钻直径12 mm以下的孔，其常用于不便使用钻床钻孔的场合。手电钻的电源有220V和380V两种。由于手电钻携带方便，操作简单，使用灵活，所以其应用比较广泛。

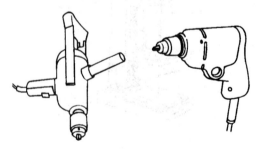

图 6-68　手电钻

（二）钻头

钻头是钻孔用的主要刀具，用高速钢制造，其工作部分经热处理淬硬至 62HRC～65HRC。钻头由柄部、颈部及工作部分组成，如图 6-69 所示。

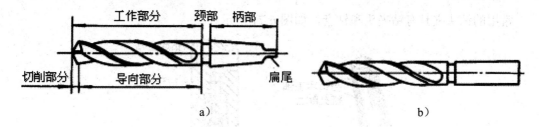

图 6-69 麻花钻头的构造

a）锥柄；b）直柄

（1）柄部。柄部是钻头的夹持部分，起传递动力的作用，有直柄和锥柄两种。直柄传递扭矩力较小，一般用于直径小于 12 mm 的钻头；锥柄可传递较大转矩，用于直径大于 12 mm 的钻头。锥柄顶部是扁尾，起传递转矩作用。

（2）颈部。颈都是在制造钻头时起砂轮磨削退刀作用的，钻头直径、材料和厂标一般也刻在颈部。

（3）工作部分。工作部分包括导向部分与切削部分。

① 导向部分有两条狭长的、螺旋形的、高出齿背约 0.5～1 mm 的棱边（刃带），其直径前大后小，略有倒锥度，这可以减少钻头与孔壁间的摩擦，而两条对称的螺旋槽，可用来排除切屑并输送切削液，同时整个导向部分也是切削部分的后备部分。切削部分，如图 6-70 所示有三条切削刃（刀刃：前刀面和后刀面相交形成两条主切削刃，担负主要切削作用；两后刀面相交形成的两条棱（副切削刃），起修光孔壁的作用；修磨横刃是为了减小钻削轴向力和挤刮现象并提高钻头的定心能力和切削稳定性。

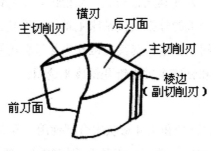

图 6-70 麻花钻的切削部分

② 切削部分的几何角度主要有前角 γ、后角 α、顶角 2Ψ、螺旋角 ω 和横刃斜角 Ψ，其中顶角 2Ψ 是两个主切削刃之间的夹角，一般取 118°±2°。

（二）钻孔用的夹具

夹具主要包括钻头夹具和工件夹具两种。

1. 钻头夹具

常用的钻头夹具有钻夹头和钻套，如图 6-71 所示。

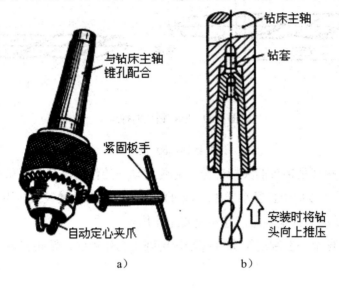

图 6-71　钻夹头和钻套

a）钻夹头；b）钻套

（1）钻夹头。钻夹头适用于装夹直柄钻头，其柄都是圆锥面可以与钻床主轴内锥孔配合安装，而在其头部的三个夹爪有同时张开或合拢的功能，这使钻头的装夹与拆卸都很方便。

（2）钻套。钻套又称过渡套筒，用于装夹锥柄钻头。由于锥柄钻头柄部的锥度与钻床主轴内锥孔的锥度不一致，为使其配合安装，故把钻套作为锥体过渡件。锥套的一端为锥孔可内接钻头锥柄，其另一端的外锥面接钻床主轴的内锥孔。钻套依其内外锥锥度的不同分为 5 个型号（1～5），例如 2 号钻套其内锥孔为 2 号莫氏锥度，外锥面为 3 号莫氏锥度，使用时可根据钻头锥柄和钻床主轴内锥孔锥度来选用。

2. 工件夹具

加工工件时，应根据钻孔直径和工件形状来合理使用工件夹具。装夹工件要牢固可靠，但又不能将工件夹得过紧而损伤工件或使工件变形影响钻孔质量。常用的夹具有手虎钳、机床用平口虎钳、V 形架和压板等。

对于薄壁工件常用手虎钳夹持，如图 6-72a）所示；机床用平口虎钳用于中小型平整工件的夹持，如图 6-72b）所示；对于轴或套筒类工件可用 V 形架夹持，如图 6-72c）所示，并和压板配合使用；对不适于用虎钳夹紧的工件或要钻大直径孔的工件，可用压板、螺栓直接固定在钻床工作台上，如图 6-72d）所示。在成批和大量生产中广泛应用钻模夹具，这种方法可提高生产率。例如应用钻模钻孔时，可免去划线工作，提高生产效率，钻孔精度可提高一级，粗糙度也有所减小。

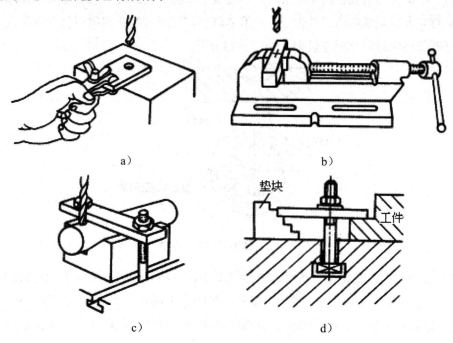

图 6-72　工件夹持方法

a）手虎钳夹持；b）机床用平口虎钳夹持；c）V 形架夹持；d）压板螺栓夹紧

（四）钻孔操作

1．切削用量的选择

钻孔切削用量是指钻头的切削速度、进给量和切削深度的总称。切削用量愈大，单位时间内切除金属愈多，生产效率愈高。由于切削用量受钻床功率、钻头强度、钻头耐用度、工件精度等许多因素的限制不能任意提高，因此，合理选择切削用量就显得十分重要，它将直接关系到钻孔生产率、钻孔质量和钻头的寿命。通过分析可知：切削速度和进给量对钻孔生产率的影响是相同的；切削速度对钻头耐用度的影响比进给量大；进给量对钻孔粗糙度的影响比切削速度大。综上所述可知，钻孔时选择切削用量的基本原则是：在允许范围内，尽量先选较大的进给量，当进给量受到孔表面粗糙度和钻头刚度的限制时，再考虑较大的切削速度。在钻孔实践中人们已积累了大量的有关选择切削用量的经验，并经过科学总结制成了切削用量表，在钻孔时可参考使用。

2．操作方法

操作方法的正确与否，将直接影响钻孔的质量和操作安全。按划线位置钻孔工件上的孔径圆和检查圆均需打上样冲眼作为加工界线，中心眼应打大一些。钻孔时先用钻头在孔的中心锪一小窝（约占孔径的 1/4 左右），检查小窝与所划圆是否同心。如稍偏离，可用样冲将中心冲大矫正或移动工件借正；若偏离较多，可用窄錾在偏斜相反方向凿几条槽再钻，便可逐渐将偏斜部分矫正过来，如图 6-73 所示。

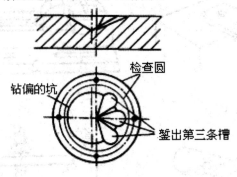

图 6-73　钻偏时的纠正方法

（1）钻通孔。在孔将被钻透时，进给量要小，可将自动进给变为手动进给，以避免钻头在钻穿的瞬间抖动，出现"啃到"现象，影响加工质量，损坏钻头，甚至发生事故。

（2）钻盲孔。钻盲孔时，要注意掌握钻孔深度，以兔将孔钻深出现质量事故。控制钻孔深度的方法有：调整好钻床上深度标尺挡块、安置控制长度量具或用粉笔作标记。

（3）钻深孔。当孔深超过孔径 3 倍时，即为深孔。钻深孔时要经常退出钻头及时排屑和冷却，否则容易造成切屑堵塞或使钻头切削部分过热导致磨损甚至折断，影响孔的加工质量。

（4）钻大孔。直径 D 超过 30 mm 的孔应分两次钻，即第一次用 $0.5D \sim 0.7D$ 的钻头先钻，然后再用所需直径的钻头将孔扩大到所要求的直径。分两次钻削，既有利于钻头的使用（负荷分担），也有利于提高钻孔质量。

（5）钻削时的冷却润滑。钻削钢件时，为降低粗糙度一般使用机油作切削液，但为提高生产效率则更多地使用乳化液；钻削铝件时，多用乳化液、煤油；钻削铸铁件则用煤油。

（6）钻孔质量问题及原因。由于钻头刃磨得不好、切削用量选择不当、切削液使用不当、工件装夹不善等原因，会使钻出的孔径偏大，孔壁粗糙，孔的轴线有偏移或歪斜，甚至使钻头折断，表 6-2 列出了钻孔时可能出现的质量问题及产生的原因。

表 6-2　钻孔时可能出现的质量问题及产生原因

问题类型	产生原因
孔径偏大	（1）钻头两主切削刃长度不等，顶角不对称； （2）钻头摆动
孔壁粗糙	（1）钻头不锋利； （2）后角太大； （3）进给量太大； （4）切削液选择不当，或切削液供给不足
孔偏移	（1）工件划线不正确； （2）工件安装不当或夹紧不牢固； （3）钻头横刃太长，对不准样冲眼； （4）开始钻孔时，孔钻偏而没有借正
孔歪斜	（1）钻头与工件表面不垂直，钻床主轴与台面不垂直； （2）横刃太长，轴向力太大，钻头变形； （3）钻头弯曲； （4）进给量过大，致使小直径钻头弯曲
钻头工作部分折断	（1）钻头磨钝后仍然继续钻孔； （2）钻头螺旋槽被切削堵塞，没有及时排屑； （3）孔快钻通时，没有减少进给量； （4）在钻黄铜一类的软金属时，钻头后角太大，前角又没修磨，钻头自动旋进
切削刃迅速磨损或啐裂	（1）切削速度太高，切削液选用不当和切削液供给不足； （2）没有按工件材料刃磨钻头角度（如后角过大）； （3）工件材料内部硬度不均匀，有砂眼； （4）进给量太大

二、扩孔

　　扩孔用以扩大已加工出的孔（铸出、锻出或钻出的孔）。它可以校正孔的轴线偏差，并使其获得较正确的几何形状和较小的表面粗糙度，其加工精度一般为 IT10～IT9 级，表面粗糙度 R_a＝6.3～3.2 μm。扩孔可作为要求不高的孔的最终加工，也可作为精加工（如铰孔）前的预加工，扩孔加工余量为 0.4～0.5 mm。

　　一般用麻花钻作扩孔钻。在扩孔精度要求较高或生产批量较大时，还采用专用扩孔钻扩孔。扩孔钻和麻花钻相似，所不同的是它有 3～4 条切削刃，但无横刃，其顶端是平的，螺旋槽较浅，故钻芯粗实、刚性好，不易变形，导向性能好。由于扩孔钻切削平稳，可提高扩孔后的孔的加工质量。在扩孔精度要求较高或生产批量较大时，还采用专用扩孔钻扩孔。扩孔钻和麻花钻相似，所不同的是它有 3～4 条切削刃，但无横刃，其顶端是平的，螺旋槽较浅，故钻芯粗实、刚性好，不易变形，导向性能好。由于扩孔钻切削平稳，可提

高扩孔后的孔的加工质量。图 6-74 所示为扩孔钻及用扩孔钻扩孔时的情形。

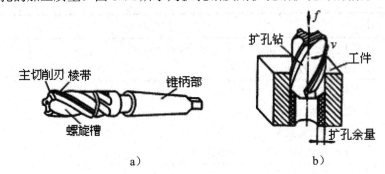

图 6-74　扩孔钻与扩孔

a）扩孔钻；b）扩孔

三、铰孔

铰孔是用铰刀从工件壁上切除微量金属层，以提高其尺寸精度和表面质量的加工方法，铰孔的加工精度可高达 IT7～IT6 级，铰孔的表面粗糙度 R_a＝0.4～0.8 μm。

铰刀是多刃切削刀具，有 6～12 个切削刃，铰孔对其导向性好。由于刀齿的齿槽很浅，铰刀的横截面大，因此铰刀的刚性好。铰刀按使用方法分为手用和机用两种，按所铰孔的形状分为圆柱形和圆锥形两种，如图 6-75a）和 6-75b）所示。

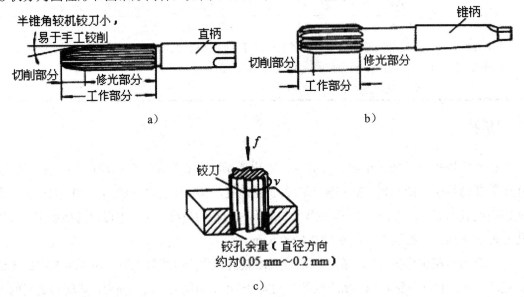

图 6-75　铰刀与铰孔

a）圆柱形手铰刀；b）圆柱形机铰刀；c）铰孔

铰孔因余量很小，而且切削刃的前角 γ＝0°，所以铰削实际上是修刮过程。特别是手工铰孔时，由于切削速度很低，不会受到切削热和振动的影响，故铰孔是对孔进行精加工的一种方法。如铰孔时铰刀不能倒转，否则，切屑会卡在孔壁和切削刃之间，从而使孔壁划伤或切削刃崩裂。铰削时如采用切削液，孔壁表面粗糙度将更小，如图 6-75c）所示。

钳工常遇到的锥销孔铰削，一般采用相应孔径的圆锥手用铰刀进行。

四、锪孔

锪孔是用锪钻对工件上的已有孔进行孔口形面的加工，其目的是为保证孔端面与孔中心线的垂直度，以便使与孔连接的零件位置正确，连接可靠。常用的锪孔工具有柱形锪钻（锪柱孔），锥形锪钻（锪孔）和端面锪钻（锪端面）三种，如图 6-76 所示。

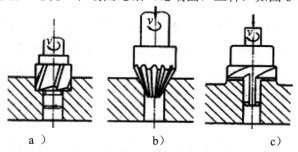

图 6-76 锪孔

a）锪柱孔；b）锪锥孔；c）锪端面

圆柱形埋头锪钻的端刃起切削作用，其周刃作为副切削刃起修光作用，如图 6-76a）所示。为保证原有孔与埋头孔同心，锪钻前端带有导柱与已有孔配合使用起定心作用。导柱和锪钻本体可制成整体也可分开制造，然后装配成一体。

锥形锪钻用来锪圆锥形沉头孔，如图 6-76b）所示。锪钻顶角有 60°、75°、90° 和 120° 等四种，其中以顶角为 90° 的锪钻应用最为广泛。

五、攻螺纹

攻螺纹（攻丝）是用丝锥加工出内螺纹。

（一）丝锥和铰杠

1. 丝锥

丝锥是专门用来加工小直径内螺纹的成形刀具，如图 6-77 所示，一般用合金工具钢 9SiCr 制造，并经热处理淬硬。丝锥的基本结构形状像一个螺钉，轴向有几条容屑槽，相应地形成几瓣刀刃（切削刃）。丝锥由工作部分和柄部组成，其中工作部分由切削部分与校准部分组成。

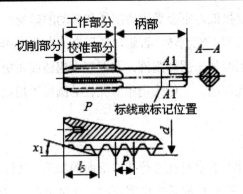

图 6-77　丝锥的结构

丝锥的切削部分常磨成圆锥形，以便使切削负荷分配在几个刀齿上，以便切去孔内螺纹牙间的金属，而其校准部分的作用是修光螺纹和引导丝锥。丝锥上有 3～4 条容屑槽，用于容屑和排屑。丝锥柄部为方头，其作用是与铰手相配合并传递扭矩。

丝锥分手用丝锥和机用丝锥两种。为了减少切削力和提高丝锥使用寿命，常将整个切削量分配给几支丝锥来完成。一般是两支或三支组成一套，分头锥、二锥或三锥，它们的圆锥斜角（k_y）各不相等，校准部分的外径也不相同，其所负担的切削工作量分配是：头锥为 60%（或 75%）、二锥为 30%（或 25%）、三锥为 10%。

2. 铰杠

铰杠是用来夹持丝锥的工具，如图 6-78 所示。常用的可调式铰杠，通过旋动右边手柄，即可调节方孔的大小，以便夹持不同尺寸的丝锥。铰杠长度应根据丝锥尺寸大小进行选择，以便控制攻螺纹时的施力（扭矩），防止丝锥因施力不当而折断。

图 6-78　铰杠

（二）攻螺纹前确定钻底孔深度

丝锥主要是切削金属，但也有挤压金属的作用，在加工塑性好的材料时，挤压作用尤其显著。攻螺纹前工件的底孔直径（即钻孔直径）必须大于螺纹标准中规定的螺纹小径，确定其底孔钻头直径 d_0 的方法，可采用查表法（见有关手册资料）确定，或用下列经验公式计算：

$$钢材及韧性金属：d_0 \approx d - P$$

$$铸铁及脆性金属：d_0 \approx d - (1.05 \sim 1.1)P$$

式中：d_0 为底孔直径；d 为螺纹公称直径；P 为螺距。

攻盲孔（不通孔）的螺纹时，因丝锥顶部带有锥度不能形成完整的螺纹，所以为得到所需的螺纹长度，孔的深度 h 要大于螺纹长度 L。盲孔深度可按下列公式计算：

$$h = L + 0.7d$$

（三）攻螺纹的操作方法

攻螺纹开始前，先将螺纹钻孔端面孔口倒角，以利于丝锥切入。攻螺纹时，先用头锥攻螺纹。首先旋 1～2 圈，检查丝锥是否与孔端面垂直（可用目测或直角尺在互相垂直的两个方向检查），然后继续使铰杠轻压旋，当丝锥的切削部分已经切入工件后，可只转动而不加压，每转一圈后应反转 1/4 圈，以便切屑断落，如图 6-79 所示。攻完头锥再继续攻二锥和三锥，每更换一锥，仍要先旋 1～2 圈，扶正定位，再用铰杠，以防乱扣。攻钢料工件时，可加机油润滑使螺纹光洁并延长丝锥使用寿命。对铸铁件，可加煤油润滑。

图 6-79　攻螺纹操作

六、套螺纹

（一）板牙和板牙架

1. 板牙

板牙是加工外螺纹的刀具，由合金工具钢 9SiCr 制成并经热处理淬硬，其外形像一个圆螺母，只是上面钻有几个排屑孔，并形成刀刃，如图 6-80a）所示。

板牙由切削部分、定径部分和排屑孔（一般有 3～4 个）组成。排屑孔的两端有 60° 的锥度，起着主要的切削作用，定径部分起修光作用。板牙的外圆有一条深槽和四个锥坑，锥坑用于定位和紧固板牙。当板牙的定径部分磨损后，可用片状砂轮沿槽将板牙切割开，借助调紧螺钉将板牙直径缩小。

2. 板牙架

板牙是装在板牙架上使用的，如图 6-80b）所示。板牙架是用来夹持板牙、传递转矩的工具。工具厂按板牙外径规格制造了各种配套的板牙架，供使用者选用。

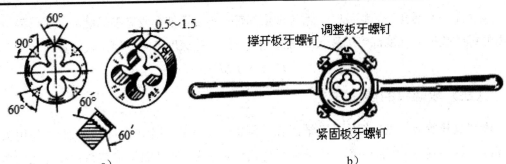

图 6-80　板牙与板牙架

a）板牙；b）板牙架

（二）套螺纹前圆杆直径的确定

圆杆外径太大，板牙难以套入，太小，套出的螺纹牙形不完整。因此，圆杆直径应稍小于螺纹公称尺寸螺纹大径 D。计算圆杆直径的经验公式为

$$d \approx D - 0.13P$$

（三）套螺纹的操作方法

套螺纹的圆杆端部应倒角如图 6-81a）所示，使板牙容易对准工件中心，同时也容易切入。工件伸出钳口的长度，在不影响螺纹要求长度的前提下，应尽量短些。套螺纹过程与攻螺纹相似，如图 6-81b）所示：板牙端面应与圆杆垂直，操作时用力要均匀；开始转动板牙时，要稍加压力；套入 3～4 扣后，可只转动不加压，并经常反转，以便断屑。

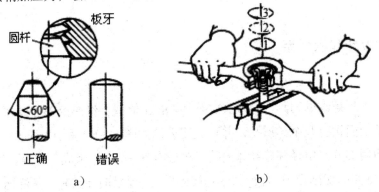

图 6-81　圆杆倒角和套螺纹

a）圆杆倒角；b）套螺纹

本章小结

本章主要介绍了钳工加工技术概述，划线，錾削，锯削，锉削，刮削，其他钳工加工技术的实际应用。

本章的主要内容包括钳工工作；钳工工作台和台虎；划线工具；划线基准；划线方法；錾削工具；錾削操作；錾削应用实例；錾削质量问题；手锯；锯削操作；锯削应用实例；锯削质量与质量检查；锉刀；锉削操作；锉削方法；锉削质量与质量检查；刮削用工具；刮削质量的检验；平面刮削；曲面刮削；钻孔；扩孔；铰孔；锪孔；攻螺纹和套螺纹。通过本章的学习，读者可以了解钳工工作；掌握划线的方法；掌握锯削的操作及锯削的质量检查；掌握刮削的质量检验；掌握钳工加工技术的实际应用。

练习题

1. 钳工的基本操作都包括哪些内容？
2. 常用的划线工具有哪些？
3. 錾削中常见的质量问题有哪几种？
4. 简述锯削质量问题产生的原因和预防方法。
5. 刮削的方式有哪些？

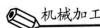

第七章　其他机械加工技术

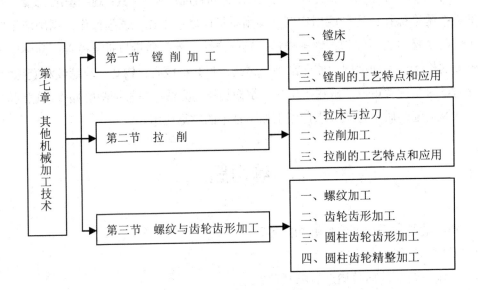

本章结构图

【学习目标】

> 了解镗床的类型；

> 了解常用的镗刀类型；

> 掌握镗削的工艺特点和应用；

> 了解拉床与拉刀；

> 掌握拉削加工的工艺特点和应用；

> 掌握螺纹与齿轮齿形加工。

第一节　镗削加工

一、镗床

镗床主要用镗刀镗削工件上已有的孔和孔系。加工的尺寸较大，尺寸精度和位置精度较高。镗削时，工件安装在工作台或夹具上，镗刀装夹在镗杆上由主轴驱动旋转作主运动，镗刀或工件移动为进给运动。当采用镗模时，镗杆与主轴为浮动连接，加工精度取决于镗模精度。镗杆与主轴为刚性连接，加工精度取决于机床精度。

镗床常见的类型有：卧式铣镗床、立式镗床、精镗床、深孔镗床和坐标镗床等。现主要介绍卧式铣镗床。

卧式铣镗床如图 7-1 所示，刀具装夹在主轴（镗轴）上或平旋盘的径向刀架上，通过主轴箱可获得各种转速和进给量。主轴箱可沿前立柱的垂直导轨上下移动（垂直进给）。工件用螺栓、压板装夹在工作台上，可随工作台和上滑座一起沿下滑座的导轨作横向移动（横向进给）。下滑座可沿床身的水平导轨作纵向移动（纵向进给）。工作台还可绕上滑座的圆导轨在水平面内旋转至所需的角度，以加工互相成一定角度的孔或平面。装夹在镗轴上的刀具可随镗轴作轴向移动，以实现轴向进给或调整刀具轴向位置。当镗杆或刀杆伸出较长时，可用后立柱上的尾座来支承它的左端，以增加刚性。尾座可在后立柱的铅垂导轨上与镗轴同步升降。平旋盘的径向刀架带着刀具作径向进给运动，可加工端面。

卧式铣镗床的结构复杂，通用性较大。此外，还可用铣刀加工平面，加工各种形状的沟槽，进行扩孔、铰孔和锪孔，加工长度较小的外圆面和内、外螺纹等。卧式铣镗床的主参数是镗轴直径，它广泛用于机修和工具车间或单件小批生产。

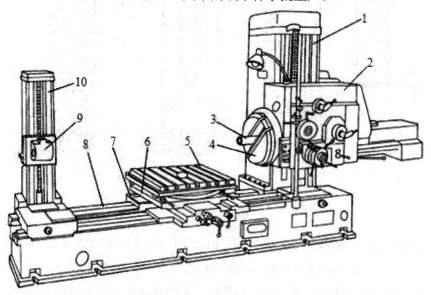

图 7-1 卧式铣镗床

1-前立柱；2-主轴箱；3-主轴；4-平旋盘；5-工作台；6-上滑座；

7-下滑座；8-床身；9-后支承（尾座）；10-后立柱

二、镗刀

常用镗刀有单刃镗刀、双刃镗刀和浮动镗刀等。

单刃镗刀刀头结构类似车刀，用螺钉装夹在镗杆上，刀头与镗杆轴线垂直可镗通孔，如图 7-2a）所示；倾斜安装可镗盲孔，如图 7-2b）所示。所镗孔径的大小要靠调整刀头的悬伸长度来保证，较为麻烦，调整精度不高，且需较高的操作技术。单刃镗刀结构简单，适应性较广，粗加工、精加工都适用，但生产率低。单刃镗刀多用于单件小批生产。

双刃镗刀有两个对称的切削刃，如图 7-2d）所示，切削时径向力可相互抵消。孔的加工精度主要靠镗刀来保证，镗刀有较长的修光刃，可减小加工面的粗糙度值。双刃镗刀可用楔块、锥销或螺钉装夹在镜杆上，如图 7-2c）所示，镗刀尺寸不需调整。

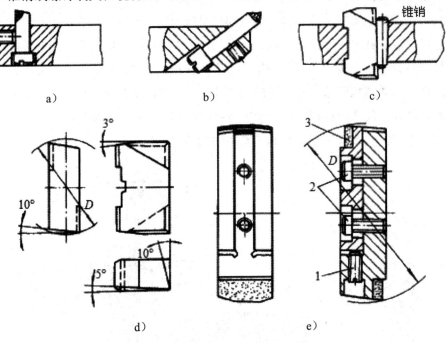

图 7-2 镗刀

a）刀头与镗杆轴线垂直；b）倾斜安装可镗盲孔；c）双刃镗刀可用楔块、锥销或螺钉装夹在镜杆上；

d）双刃镗刀有两个对称的切削刃；e）可调浮动镗刀片

图 7-2e）所示为可调浮动镗刀片，调节时，先松开螺钉 2，转动螺钉 1 改变刀片 3 的径向位置，用千分尺检验两切削刃之间的尺寸使之等于所要求的孔径，最后拧紧螺钉 2。工作时刀片在刀杆的矩形槽中不紧固，能在径向自由滑动，由作用在两个切削刃上的径向切削力，自动平衡其切削位置，因而可抵消因镗刀装夹误差或镗杆偏摆所产生的不良影响。浮动镗削可提高孔的加工精度，因刀片的修光刃较宽，减小了加工面 R_a 值，生产率较高。但它与铰孔类似，不能校正原孔轴线偏斜或位置误差，成本比单刃锤刀高，适于精加工批

量较大、孔径较大的孔（大于直径 50 mm）。

三、镗削的工艺特点和应用

镗削工艺具有以下几个特点：

（1）镗床的适应性强，功用多，加工范围广。可以加工单个孔、孔系、通孔、台阶孔和孔内回转槽等。一把镗刀可加工一定孔径和长度范围内的孔。

（2）可通过多次走刀来校正原孔的轴线偏斜。一般镗孔的尺寸公差等级 IT8～IT7，表面粗糙度 R_a 值为 1.6～0.8 μm；精细镗时，公差等级为 IT7～IT6，表面粗糙度 R_a 值为 0.8～0.1 μm。

（3）镗床和镗刀调整复杂，操作技术要求较高，在不使用镗模的情况下，生产率较低。在大批大量生产中，为提高生产率，应使用镗模。

镗削主要适宜加工机座、箱体及支架等外形复杂的大型零件上，孔径较大、尺寸精度较高、有位置精度要求的孔和孔系。

第二节　拉　削

一、拉床与拉刀

（一）拉床

拉床是用拉刀进行加工的机床，如图 7-3 所示。拉削时，拉刀作平稳的低速直线运动（主运动）使被加工表面在一次走刀中成形，拉床运动较简单，无进给传动机构。因拉刀切削时承受的切削力很大，所以拉床的主运动一般是由液压驱动的，拉刀或固定拉刀的滑座往往是由液压缸的活塞杆带动的。拉床的主参数用额定拉力（tf）表示。

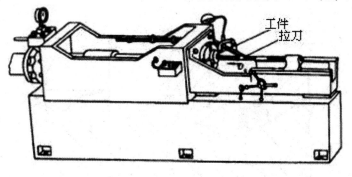

图 7-3　卧式拉床

（二）拉刀

根据工件加工面及截面形状不同，拉刀有各种形式。常用的圆孔拉刀如图 7-4 所示，柄部 l_1 是拉床刀架夹持拉刀的部位；颈部 l_2 的直径比其他部分略小，当拉削力过大时在此断裂，以便焊接修复；过渡锥 l_3 起对准中心作用，使拉刀容易进入被加工孔中；前导部 l_4 的直径略小于拉削前孔的直径，以引导切削部，防止拉刀歪斜。还可检查拉削前预加工的孔径是否合格，以免加工余量过大而损坏拉刀；切削部 l_5 有粗切齿和精切齿，向尾部方向各齿直径依次递增，相邻两齿径向高度之差称为齿升量 f_z（也称进给量），用于切去全部加工余量；校准部 l_6 的刀齿较少，起校正孔径、修光孔壁的作用，校准齿无齿升量；后导部 l_7 用以保持拉刀最后的正确位置，防止拉刀在即将离开工件时，因工件下垂而损坏已加工表面和拉刀；尾部 l_8 用于承托又长又重的拉刀，防止拉刀下垂，一般拉刀无此部分。

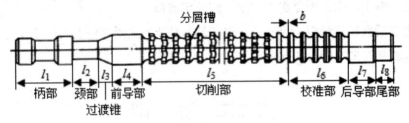

图 7-4　圆孔拉刀

圆孔拉刀的齿升量 f_z＝0.02～0.1（见图 7-5），切削齿的齿升量向后逐渐减小，齿距 P 是两相邻刀齿间的轴向距离。齿距越小，同时切削的齿数越多，工作越平稳，但容屑困难，易因切屑堵塞而拉断拉刀；反之，齿距增大，容屑改善，但同时切削的齿数减少，影响加工质量。一般以拉刀工作时有 4～5 个刀齿同时切削为宜。切削齿和校准齿的前角为 5°～15°；切削齿的后角为 2°～3.5°，校准齿的后角为 0.5°～1°。校准齿的刃带宽度 b＝0.6～0.8 mm。拉刀的切削齿上开有分屑槽（见图 7-4），可将切屑分割成较窄的屑片，以利排屑。

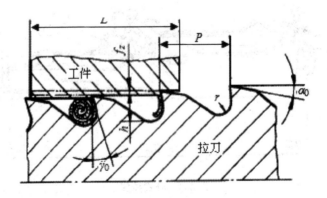

图 7-5　齿升量与齿距

二、拉削加工

用拉刀加工工件的切削方法，称为拉削。拉刀是一种多齿刀具，拉削可看成是多把刀具按高低顺序排列成队的多刃切削。

圆孔拉削如图 7-6 所示。拉削前，圆孔不需精确的预加工，钻孔或粗镗后即可拉削。拉孔时工件一般不夹紧，只以工件端面为支承面。因此，原孔的轴线与端面之间应有垂直度要求。当孔的轴线与端面不垂直时，应将端面贴紧在球面垫圈上，在拉削力的作用下，工件连同球面垫圈能略微转动，以使工件孔的轴线自动地调整到与拉刀轴线一致的方向。孔的端面若经切削加工过，则可消除端面硬皮对拉刀的磨损。拉削的孔径为 $\Phi 10 \sim \Phi 100$ mm，孔的深径比一般小于 $3 \sim 5$。拉削速度常取 $v_c = 2 \sim 8$ m/min，以免产生积屑瘤。

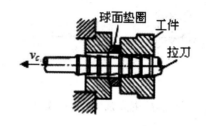

图 7-6 拉削圆孔

三、拉削的工艺特点与应用

（1）拉刀在一次行程中能切除被加工面的全部加工余量，完成粗加工和精加工，生产率高。

（2）拉床结构简单，操作方便。拉刀磨损慢，刃磨一次，可加工数以千计的工件，又可多次刃磨，所以拉刀寿命长，生产工件数量较大时，拉削成本低。

（3）拉刀的校准部起校准、修光作用，拉床采用液压传动，切削速度又低，所以传动平稳，可获得较高的加工质量，是一种精加工方法。一般拉孔的尺寸公差等级为 IT8～IT6，表面粗糙度 R_a 值为 0.8～0.1 μm。

（4）拉刀是定值刀具，一把拉刀只适宜加工一种规格尺寸的孔或槽。拉刀制造复杂、成本高，不能加工台阶孔、盲孔、薄壁孔、尺寸特大或特小孔。所以，拉削主要用于大批大量生产，也适用于定型产品的中批生产。

拉削可加工各种形状的通孔、沟槽、平面及成形面，如图 7-7 所示，因此加工范围广。

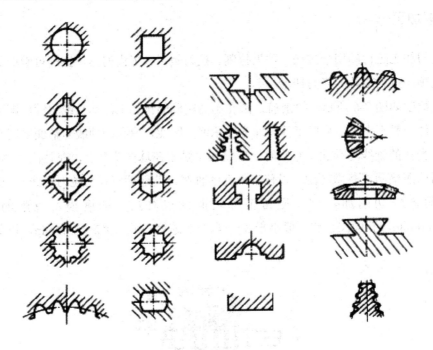

图 7-7 拉削加工的典型表面

第三节　螺纹与齿轮齿形加工

螺纹牙型和齿轮齿形是常用的典型成形表面，牙型和齿形的种类较多，其三角形牙型和渐开线齿形应用较广，它们的主要加工方法有以下几种。

一、螺纹加工

（一）螺纹的种类与技术要求

1. 螺纹的种类

各种机械中，螺纹的应用非常广泛。根据用途不同，螺纹可分为两大类。

① 连接螺纹。用于零件间的固定连接，常用的有普通螺纹和管螺纹等，螺纹牙型一般为三角形。例如各种螺栓和螺钉的螺纹等。

② 传动螺纹。用于传递动力、运动或位移，螺纹牙型一般为梯形或锯齿形或矩形。例如丝杠和测微螺杆的螺纹等。

螺纹按制式分为公制、英制和模数制。我国采用公制，在蜗杆传动中采用模数制。公制三角形螺纹称为普通螺纹。各类螺纹按旋向分为右旋和左旋，按螺纹线数分为单线、双线和多线。

2. 螺纹要素

如图 7-8 所示,螺纹要素除外螺纹或内螺纹大径(d 或 D)和小径(d_1 或 D_1)外,还有以下几个(摘自 GB/T14791—1993)。

① 中径(d_2 或 D_2)。一个假想圆柱或圆锥的直径,该圆柱或圆锥的母线通过牙型上凸起宽(牙宽)和沟槽宽(牙槽宽)相等的部位。

② 螺距(P)与导程(P_n)。螺纹相邻两牙在中径线上对应两点之间的轴向距离,称为螺距。螺距 $P = 25.4/n$(mm),n 为每英寸长度内的螺纹牙数;模数螺纹(蜗杆)的螺距以 $P = \pi m$(单位为 mm)表示,m 为蜗杆模数。导程 p_n 是指同一条螺旋线上相邻两牙在中径线上对应两点间的轴向距离。

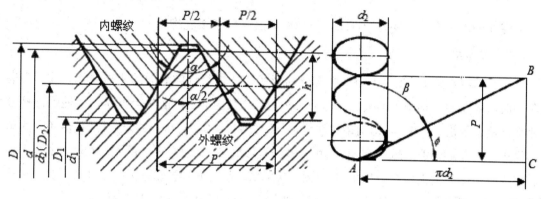

图 7-8　螺纹要素

③ 牙型角(α)。在牙型上,相邻两牙侧面间的夹角,称为牙型角 α。普通螺纹 $\alpha = 60°$,英制螺纹 $\alpha = 55°$,梯形螺纹 $\alpha = 30°$,模数螺纹 $\alpha = 40°$。$\alpha/2$ 称为牙型半角。

④ 螺纹升角(导程角)Ψ 与螺旋角(β)。在中径圆柱上或中径圆锥上,螺旋线的切线与垂直于螺纹轴线的平面的夹角,称为螺纹升角 Ψ 在中径圆柱上或中径圆锥上螺旋线的切线与螺纹轴线方向的夹角,称为螺旋角 β。

相配合的外螺纹与内螺纹,其旋向、线数、牙型角、螺距和中径要相同,配合质量主要取决于牙型角、螺距和中径的精度。

3. 螺纹的技术要求

由于螺纹的用途和使用要求不同,故对其技术要求也不同。一般,对连接螺纹和无传动精度要求的传动螺纹,只要求中径和顶径(外螺纹的大径,内螺纹的小径)的精度;对普通螺纹的主要要求是可旋入性和连接的可靠性;对管螺纹的主要要求是密封性和连接的可靠性。

对有传动精度要求或用于读数的螺纹,除要求中径和顶径的精度外,还要求螺距和牙型角的精度，以保证传动螺纹传动准确、可靠、螺纹接触良好。为保证传动或读数精度及耐磨，性，对螺纹表面的粗糙度和硬度，也有较高的要求。

国标规定内螺纹中径 D_2 的公差等级为4、5、6、7、8级，外螺纹中径 d_2 的公差等级为3、4、5、6、7、8、9级。内螺纹小径 D_1 的公差等级为4、5、7、8级。外螺纹大径 d 的公差等级为4、6、8级。螺纹公差等级的数字越小，精度越高。6级为基本级（中等精度），主要用于一般用途，正常结合的连接紧固螺纹件，例如各种机械、夹具、构件、器具等连接用螺纹；3级和4级为精密级，主要用于精密结合或长度较短的螺纹件，例如各种仪表、钟表中的重要螺纹件等；8级为粗糙级，主要用于粗糙结合、加长、制造困难的螺纹件（如在热轧棒料上切削的螺纹），一般建筑工业用螺纹也采用粗糙级。

（一）螺纹的加工方法

螺纹的加工方法主要有车螺纹、攻螺纹与套螺纹和滚轧螺纹。

1. 车螺纹

（1）螺纹车刀。螺纹车刀切削部分的形状应与螺纹轴向截面的牙槽形状一致，刃磨车刀时，需使两侧切削刃的夹角（即刀尖角）等于牙型角 α，前角等于0°，才能保证螺纹牙形准确。但是 $\gamma_0 = 0°$ 时切削条件较差，一般先用 $\gamma_0 > 0°$ 的车刀粗车，再用 $\gamma_0 = 0°$ 的车刀精车，如螺纹精度要求不高，也可用 $\gamma_0 > 0°$ 车刀精车。螺纹车刀的两侧后角不能相等（车右螺纹时左侧后角大于右侧后角）。如图7-9所示，螺纹车刀要安装正确，刀尖同螺纹回转轴线等高，刀尖角的平分线垂直于螺纹轴线，平分线两侧的切削刃应对称。

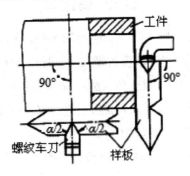

图7-9 螺纹车刀安装

目前车削中等螺距碳钢类工件的车刀常用硬质合金；车削铝和铜类有色金属工件以及大螺距螺纹工件的精加工，常用高速钢车刀。

（2）车削三角螺纹。三角螺纹车削方法有以下三种：

① 低速车削。一般都采用高速钢螺纹车刀，车削时主要有两种进刀方法。

➤ 直进法，如图7-10a）所示。直进法在车削时，车刀两刃同时切削，车刀受力大、散热难、磨损快、排屑难，每次进给的吃刀深度不能大，生产率低。但加工螺纹的牙形较准确，适于加工螺距 p 小于 2 mm 的螺纹及精度较高螺纹的精加工。

➤ 斜进法，如图 7-10b）所示。斜进法在车削时，车刀顺着螺纹牙形一侧斜向进刀，经多次走刀完成加工。用此法加工时，刀具切削条件好，可增大吃刀深度，生产率高于直进法，但加工面 R_a 值大，只适于粗加工。精车时，为使螺纹两侧表面光洁，可使小滑板一次向左微量移动，另一次向右微量移动，精车的最后一二次进给，应采用直进法，以确保螺纹牙形准确。

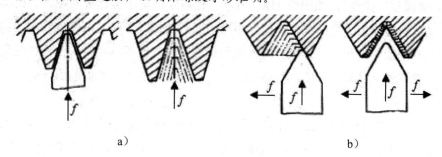

图 7-10　车削三角形螺纹进刀方法

a）直进法；b）斜进法

② 高速车削。使用硬质合金车刀车削中等螺距（$P>2$ mm），以及工件材料硬度较高时，车刀两侧的切削刃应磨出负倒棱。因高速车削牙型角要扩大，所以刀尖角应比牙型角小 30′。车刀的前、后面的粗糙度值必须很小（$R_a=0.63\sim0.32$ μm）。

高速车削的切削速度比低速车削高 15～20 倍，走刀次数减少 2/3 以上，故生产率高。

车螺纹是螺纹的基本加工方法，其主要特点是使用通用设备，刀具简单，可加工各种形状、尺寸及精度的内、外螺纹，特别适于加工尺寸较大的螺纹，适应性广。但是，生产率较低，螺纹的加工质量取决于机床、刀具的精度及工人的技术水平。车削螺纹一般中径公差可达 8～4 级，$R_a=3.2\sim0.4$ μm，适于单件小批生产。使用精密车床加工不淬硬精密丝杠，可获得较高的精度和较小的粗糙度值。

③ 用螺纹梳刀车削。当生产批量较大时，为提高生产率，常采用螺纹梳刀进行车削。螺纹梳刀实质上是一种多齿的螺纹车刀，只需一次走刀就能车出全部螺纹，故生产率高。但是，一般的螺纹梳刀不能加工精密螺纹和螺纹附近有轴肩的工件。生产中圆体螺纹梳刀用得较多，梳刀的主偏角 k_r 可使切削负荷均匀分布在几个刀齿上，使刀具磨损均匀。

2. 攻螺纹与套螺纹

单件小批生产中，用手用丝锥攻螺纹；批量较大时，用机用丝锥在车床、钻床或攻丝机上攻螺纹。对小尺寸的内螺纹，攻螺纹几乎是唯一有效的加工方法。

单件小批生产时，用板牙套外螺纹；大批量生产中，常用螺纹切头在车床上套外螺纹。加工时，螺纹切头装夹在车床尾座上，工件装夹在主轴卡盘上旋转，螺纹切头逐渐切入工件即可加工出外螺纹。螺纹切头加工的中径公差等级可达 6 级，螺纹切头上的梳刀重磨方便，使用周期长，应用较广泛。

攻螺纹与套螺纹常用于加工直径在 16 mm 以下的内、外螺纹，加工后的中径公差等级可达 8～6 级，R_a＝6.3～1.6 μm，主要用于加工精度不高的普通螺纹。

3．滚轧螺纹

滚轧螺纹属于无屑加工，常用的方法有以下两种：

（1）搓螺纹（搓丝），如图 7-11a）所示。搓螺纹就是下搓丝板固定，上搓丝板作往复直线运动。两搓丝板的平面都有斜槽，相当于展开的螺纹，在与工件轴线同方向上，它的截面形状和间距与被加工的螺纹牙型和螺距相同。上搓丝板移动时，工件在两搓丝板间滚动，于是在工件上挤轧出螺纹。上搓丝板移动一次，就在下搓丝板的另一端落下一个螺纹件。

搓丝前应将两搓丝板之间的距离，根据被搓工件的直径调整好。搓丝的最大直径为 25 mm，精度可达 5 级，R_a＝1.6～0.4 μm，适于大批大量生产中加工外螺纹。

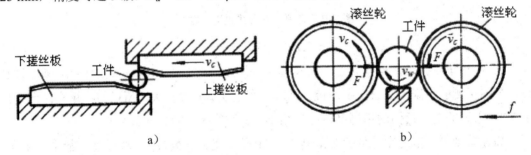

图 7-11　滚轧螺纹

a）搓螺纹；b）滚螺纹

（2）滚螺纹（滚丝），如图 7-11b）所示。两滚丝轮上有螺纹，其轴向截面形状和螺距与所加工工件螺纹的牙型和螺距相同，两轮转速相等、转向相同，工件由两轮带动作自由旋转。滚螺纹时，左轮轴心固定，右轮作径向进给运动，逐渐滚轧至螺纹深度，完成螺纹加工。滚螺纹可加工螺钉、丝锥及丝杠等，长丝杠常用三个滚轮滚轧，工件有轴向移动。滚螺纹工件直径为 0.3～120 mm，适于大批大量生产中加工外螺纹。

搓螺纹比滚螺纹生产率高。但是，滚丝轮工作面经热处理后，可在螺纹磨床上精磨，而搓丝板在热处理后精加工较难，因此滚螺纹精度比搓螺纹高，可达 3 级，R_a＝0.8～0.2 μm。

滚轧螺纹与切削螺纹相比，前者具有生产率高（每分钟加工 10～60 件）；工件螺纹的强度和硬度高，粗糙度值小，提高了螺纹的耐磨性和疲劳强度；材料利用率高，可节省材料 16%～25%；材料纤维组织分布合理，机床结构简单，加工费用低等优点。

滚轧螺纹对工件毛坯尺寸精度要求高，工件材料应有较好的塑性，硬度不能过高（应小于 37HRC），不宜加工薄壁管件。

二、齿轮齿形加工

齿轮在机械、仪器及仪表中应用很广。齿轮的质量直接影响到机电产品的工作性能、承载能力、使用寿命及工作精度。随着科学技术的发展，要求机电产品的工作精度越来越高，传递的功率越来越大，转速也越来越高。因此，对齿轮的质量提出了更高的要求。

（一）齿轮的功用与分类

机械和仪器中，齿轮是传递运动和动力的主要零件。齿轮的种类很多，常用的齿轮副如图 7-12 所示，在这些齿轮中，直齿圆柱齿轮是最基本的，也是应用最多的。

圆柱齿轮形状很多，但基本上都是由轮齿和轮体组成。按轮齿形状，分为直齿、斜齿和人字齿；按轮体结构特点，分为连轴齿轮与带孔齿轮。带孔齿轮的内孔多为精度较高的圆柱孔或花键孔。

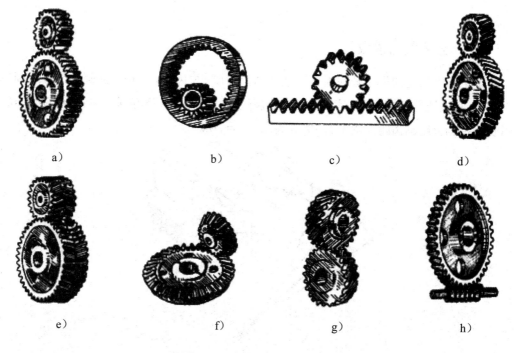

a)　　　　　　　　b)　　　　　　　　c)　　　　　　　　d)

e)　　　　　　　　f)　　　　　　　　g)　　　　　　　　h)

图 7-12　齿轮和齿轮副的种类

a）外啮合直齿圆柱齿轮副；b）内啮合直齿圆柱齿轮副；c）齿轮齿条副；d）斜齿圆柱齿轮副
e）人字齿轮副；f）直齿锥齿轮副；g）交错轴斜齿轮副；h）蜗杆蜗轮副

（二）渐开线

齿轮的齿形曲线有渐开线、摆线和圆弧三种。因渐开线齿形的齿轮具有加工、安装较简便，传动平稳等优点，所以应用较多。如图 7-13 所示，一条直线 AB 在平面内沿直径为 d_b 的圆周作纯滚动，直线上任一点 K 的轨迹 DKC 就是渐开线，该圆是渐开线 DKC 的基圆。

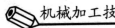

渐开线齿轮的任一轮齿就是由同一基圆形成的两条相反的渐开线所组成。从图中可看出，形成渐开线的基圆直径越小，渐开线越弯曲；基圆直径越大，渐开线形状越平直，当基圆直径无穷大时，渐开线成为一条直线，即齿形变成直线，齿轮成为齿条。

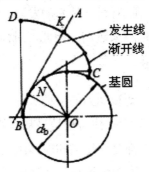

图 7-13　渐开线的形成

（三）分度圆与模数

在单个标准齿轮的齿顶圆和齿根圆之间理论齿厚 s 与齿槽宽 e 相等的圆称为分度圆（见图 7-14），其直径为 d，分度圆是测量和计算齿轮尺寸的基准。分度圆上相邻两齿对应点间的弧长，称为分度圆齿距（周节），用 p 表示：$p=s+e$。

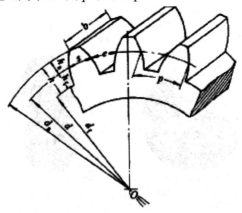

图 7-14　直齿圆柱齿轮的几何尺寸

当齿轮齿数 z 为已知时，分度圆直径 d、齿距 p 与齿数 z 的关系如下：

$$\pi d=zp \text{ 或 } d=(p/\pi)z$$

因式中有无理数 π，为使分度圆直径 d 成为整数或简单小数，以便于计算和测量，令 $p/\pi=m$，m 称为模数，单位是 mm、则 $d=mz$。

模数是齿轮强度计算和尺寸计算的基本参数。若齿数 z 一定，则模数 m 越大，齿轮越大，模数大小反映了齿轮轮齿的厚薄、大小和承载能力。模数数值已标准化，设计齿轮时根据齿轮强度计算出的模数值，应进行圆整，然后按国家标准数值选取。

（四）压力角

轮齿啮合接触点 K 受到的法向压力 F_{bn} 的作用线 KN 与基圆相切，点 K 的速度 V_k 与半径 OK 相垂直。法向力 F_{bn} 与速度 V_k 的夹角 α_k，称为点 K 的压力角，如图 7-15 所示。由图可知，$\angle NOK = \alpha_k$，在直角三角形 NOK 中，$\cos\alpha_K = \dfrac{\overline{ON}}{\overline{OK}} = \dfrac{d_b}{d_k}$。

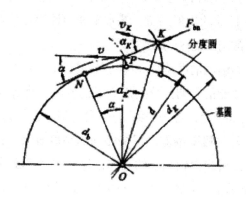

图 7-15　渐开线压力角

对于已确定的渐开线，基圆半径是定值，但点 K 位置是变化的，因此渐开线上各点的压力角均不相等。距基圆越远，其压力角越大；反之则越小。一般所谓齿轮的压力角，是指分度圆上的压力角，用 α 表示。其数值已标准化，定为 $20°$。

渐开线齿轮正确啮合的条件是两齿轮模数和压力角应分别相等。齿形加工所用刀具的模数和压力角也必须与被加工齿轮相同。

（五）圆柱齿轮精度

1. 齿轮传动的精度要求

齿轮的加工精度对机械工作性能、承载能力和使用寿命有很大影响。根据齿轮传动特点和不同用途，对其传动性能提出以下要求：

（1）传递运动的准确性。要求齿轮在每转一转过程中，主动齿轮转过一定角度，从动齿轮应按一定速比准确地转过相应的角度。但制造齿轮时，因分齿不均匀等原因，会使传动中产生周期性转角误差。为保证齿轮传动的运动精度，则要求齿轮一转中，其最大转角误差不能超出允许范围。最大转角误差是以一转为周期的长周期误差，标准中用第 I 组公差控制这项误差。

（2）传动的平稳性。因渐开线齿廓制造有误差，使一对轮齿啮合过程中，产生多次瞬间转角变化（即瞬间传动比发生变化），造成传动不平稳，有忽快忽慢现象。这种现象非常频繁，会引起冲击、振动和噪声。为保证传动平稳性，要求齿轮一转中多次重复出现的短周期瞬间传动比变化不能超出允许范围。标准中用第 II 组公差控制这项误差。

（3）载荷分布的均匀性。齿轮传递转矩时，要求齿面接触良好，使齿面载荷均匀分布。但因齿形和齿向制造有误差，会影响齿面的接触状况，引起应力集中，使齿面磨损加剧，缩短使用寿命。标准中用第 III 组公差控制这项误差。

2．齿轮的精度等级

GB10095—1988《渐开线圆柱齿轮精度》标准中，规定齿轮有 12 个精度等级，1 级精度最高，12 级精度最低。目前的齿形加工工艺水平和检测手段，尚难以制造出 1 级、2 级精度的齿轮，机械制造中常用的是 8～6 级。

标准中对影响齿轮传递运动的准确性、传动平稳性和载荷分布的均匀性等三方面的各项因素，根据它们对传动性能的影响，分别规定了公差，并将各项公差分成 I、II、III 三个公差组。按照使用要求不同，允许各公差组选用不同的精度等级，但上下只能相差一级。在同一公差组中，各项公差与极限偏差应保持相同的精度等级。例如，分度机构的齿轮，传递运动的准确性要求高；机床主轴箱中的高速齿轮，传动平稳性要求高；受力大的重型机械上的齿轮，载荷分布的均匀性要求高。这些要求高的传动性能，其精度允许比其他传动性能的精度高一级。

3．传动侧隙

啮合传动的齿轮，其非工作面的齿侧应有一定的间隙(即齿侧间隙)，用于贮存足够的润滑油，使工作齿面形成油膜润滑，减少磨损。此外，还可补偿齿轮和箱体因受载荷作用和温度变化而产生的变形，以及因制造和装配产生的误差，防止齿轮被卡住和烧伤。侧隙是通过控制轮齿的厚度而得到的，即分度圆上的实际齿厚略小于理论齿厚。

侧隙大小与齿轮精度等级无关。它是根据工作条件，用齿厚极限偏差的上偏差和下偏差来控制的。GB10095—1988 标准中，规定了 C、D、E、F、G、H、J、K、L、M、N、P、R、S 等 14 个偏差代号，具体偏差数值可按标准的规定用计算法确定。一般，量仪读数装置、精密分度机构的传动齿轮，要求传动侧隙小，以减小回程误差；轧钢机、起重机上的重载低速齿轮，要求传动侧隙较大。

4．齿坯精度

齿轮在加工、测量和装配过程中，常以其内孔、顶圆和端面作基准。基准对齿轮加工、装配质量影响很大，因此对齿坯规定了公差。可查相关资料。

5．齿轮精度的标注示例

在齿轮工作图样上应注明齿轮精度等级和齿厚极限偏差。

【例 1】7FL GB10095—1988

7 为第 I、II、III 公差组的精度等级；F 为齿厚上偏差代号；L 为齿厚下偏差代号。

【例 2】766GM GBl0095—1988

7 为第 1 公差组的精度等级；6 为第 II 公差组的精度等级；6 为第 III 公差组的精度等级；G 为齿厚上偏差代号；M 为齿厚下偏差代号。

【例 3】$4^{-0.330}_{-0.495}$ GB10095—1988

表示三个公差组精度同为 4 级，齿厚上偏差为—0.330 mm，下偏差为—0.495 mm。

三、圆柱齿轮齿形加工

齿形加工方法很多，可分为无屑加工和有屑加工两大类。无屑加工包括热轧、冷轧、冷锻、精锻、冲压、精密铸造和粉末压制等，它具有生产率高，材料损耗少和成本低等优点。但是，加工精度不高，目前还未广泛采用。有屑加工（切削加工）精度较高，是齿形加工的主要方法，应用较广，按其形成齿形原理又分为成形法和展成法两种。

（一）铣齿

铣齿属于成形法加工。成形法是指用与被加工齿轮齿槽法向截面形状相符的成形刀具加工齿形的方法。常用的成形法加工除铣齿外，还有拉齿。

铣削直齿圆柱齿轮的方法如图 7-17 所示。当模数 $m<8$ 时，用盘状模数铣刀在卧式铣床上加工，如图 7-16a)所示；当 $m \geqslant 8$ 时，用指状模数铣刀在立式铣床上加工，如图 7-16b)所示。铣削时，模数铣刀作旋转运动（主运动），齿坯装夹在心轴上，心轴装在分度头顶尖与尾座顶尖间。纵向工作台带着分度头、尾座、齿坯向着铣刀作纵向进给。每铣完一个齿槽，工件退回，按齿数进行分度，然后再加工下一个齿槽。成形法加工的轮齿形状由模数铣刀保证；轮齿分布的均匀性由分度头保证。

a)   b)

图 7-16 成形法铣削直齿圆柱齿轮

a）用盘状模数铣刀在卧式铣床上加工；b）用指状模数铣刀在立式铣床上加工

为保证铣削的轮齿形状准确，不单要保证铣刀模数、压力角与被铣齿轮相同，还要求对每一齿数的齿轮都要有一把相应的铣刀。这是因为相同模数和压力角的齿轮，其渐开线齿形的形状与基圆直径 d_b 有关，而 d_b 又与齿数 z 有关（$d_b = 0.94mz$），即齿数不同，齿形也不同。若要保证同一模数的每一种齿数的齿轮齿形准确，就要为同一模数的每一齿数的齿轮制造一把相应的铣刀。铣刀规格、数量繁多既不经济，也不便于管理和使用。因此，将同一模数的铣刀一般做成 8 把或 15 把，分别铣削齿形相近的一定齿数范围的齿轮。为保证铣削的齿轮在运动中不被卡住，各把（即各号）铣刀的齿形按所铣齿数范围内最小齿数的齿形制造，所以加工其他齿数的齿轮只能获得近似齿形，产生齿形误差（也称理论误差）。

成形法铣齿可在一般铣床上进行，模数铣刀比其他齿轮刀具结构简单，易于制造，因此生产成本低；每铣一齿均需切入、切出、退刀以及分度等辅助时间，所以生产率较低；齿形准确程度完全取决于模数铣刀，有较大的齿形误差，用分度头分齿，还会产生较大的分齿误差，所以铣齿精度较低（可达 10～9 级），齿面 R_a 值为 6.3～3.2 μm。

成形法铣齿一般用于单件小批生产和维修工作中，加工直齿、斜齿和人字齿圆柱齿轮，也可加工齿条和锥齿轮。使用高精度指状模数铣刀和精密分度夹具，也能铣削重型机械中精度要求较高的齿轮。

（二）插齿

插齿属于展成法加工。展成法是指利用齿轮刀具与被切齿轮在专用齿轮加工机床上按展成原理切出齿形的加工方法。

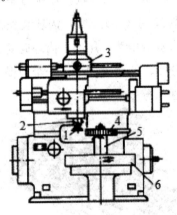

图 7-17　插齿机

1-插齿刀；2-刀轴；3-刀架；4-齿坯；5-心轴；6-工作台

1．插齿原理

插齿是指用插齿刀在插齿机上加工齿轮的一种方法。插齿机的主参数是加工工件的最大直径。插齿时，插齿刀 1 安装在插齿机（见图 7-17）刀架 3 的刀轴 2 上，齿坯 4 安装在工作台 6 的心轴 5 上。插齿过程相当于一对无啮合间隙的圆柱齿轮相啮合滚动的过程，如

图 7-18a）所示。加工时一个是工件（齿坯），另一个是特制的"齿轮"，它的每个"轮齿"的齿廓和齿顶，都磨制成具有前角、后角的切削刃（即齿轮形插齿刀）。当插齿刀与相啮合的齿坯间强制保持一对齿轮啮合的传动比关系时，插齿刀作上下往复运动，即可切削出齿形，如图 7-18b）所示。

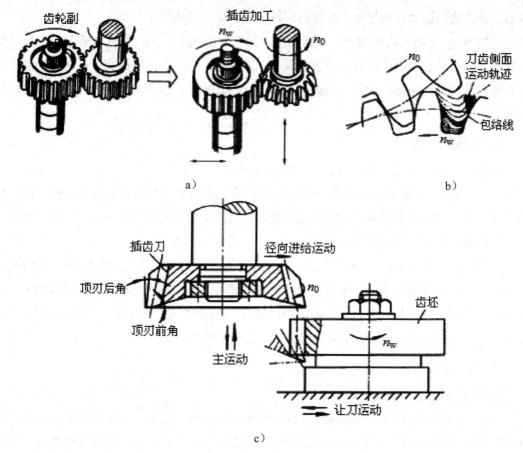

图 7-18　插齿原理及插齿运动

a）插齿原理；b）插齿刀刀齿侧面运动轨迹及包络线；c）插齿运动

2．插齿运动

插齿需具有下列运动，如图 7-18c）所示。

（1）主运动。即插齿刀上下往复的直线运动，用单位时间内往复行程次数表示，单位是 dstr/min 或 datr/s。

（2）分齿运动。即插齿刀与齿坯间强制保持一对齿轮啮合速比关系的运动，也称展成运动。若插齿刀齿数为 z_0，齿坯齿数为 z_w，则插齿刀转速 n_0 与齿坯转速 n_w 之间应严格保持 $n_w/n_0 = z_0/z_w$ 关系。

（3）圆周进给运动。圆周进给运动是指插齿刀每上下往复一次其分度圆圆周所转过的弧长（mm/dstr）。此运动控制了插齿刀的转速，它决定每切一刀的金属切除量和包络渐开线的切线数目，直接影响齿面的粗糙度和生产率。

（4）径向进给运动。在分齿运动的同时，为切至全齿深，插齿刀逐渐向齿坯中心移动的运动，用插齿刀每上下往复行程一次径向移动的距离表示（mm/dstr）。刀齿切至全齿深后，径向进给运动自动停止，齿坯再回转一周，即可完成加工。

（5）让刀运动。插齿刀向下进行切削，向上返回是空行程。为避免插齿刀在返回时刀齿后面与齿坯加工面摩擦而影响表面质量，并减少刀具磨损，在插齿刀返回前，齿坯由工作台带动沿径向退离插齿刀，当插齿刀切削行程开始前，齿坯又恢复原位。齿坯的这种短距离运动，称为让刀运动。

3．齿坯的装夹

插齿时，齿坯常用的装夹方法，有以下两种。

（1）内孔和端面定位。即靠齿坯内孔与心轴之间的正确配合（不找正）确定齿坯轴线位置，以一个端面为基准确定其轴向位置，用另一端将其夹紧在工作台上。此种装夹方法生产率高，但需精度较高的专用心轴，适于批量较大的生产。

（2）外圆和端面定位。将齿坯套在心轴上（内孔与心轴有较大间隙），用千分表找正外圆，以确定齿坯轴线位置，轴向定位和夹紧与前种方法相同。这种装夹方法每加工一件需找正一次，生产率低，对齿坯内外圆的同轴度、外圆的圆度要求较高，外圆面粗糙度值要小（R_a 值小于 1.6 μm），但不需专用心轴，适于单件和小批生产。

4．插齿工艺特点

插齿工艺的具体特点如下：

（1）插齿切出的齿形不象成形法铣齿存在理论误差。此外，插齿刀比模数铣刀的精度高，插齿的分齿精度高于万能分度头的分齿精度，所以插齿加工精度比铣齿高，可达 8～7 级。

（2）插齿刀沿轮齿全长连续切削，包络齿形的切线数量较多，因而齿面 R_a 值小，为 1.6 μm。

（3）一把插齿刀可加工模数和压力角与其相同而齿数不同的圆柱齿轮。

（4）插齿刀作直线往复运动，速度提高受到冲击和惯性力的限制，且有空回程，所以一般情况下生产率低于滚齿，但高于成形法铣齿。

插齿可加工内、外直齿圆柱齿轮以及相距很近的双联或多联齿轮。插齿机安装附件或夹具后，还可加工内、外斜齿轮和齿条。插齿适于单件小批和大批大量生产。

（三）滚齿

滚齿是指用滚刀在滚齿机上按展成原理加工齿轮轮齿的一种方法，它属于展成法加工。

滚齿机的主参数是加工工件的最大直径，如图 7-19 所示。

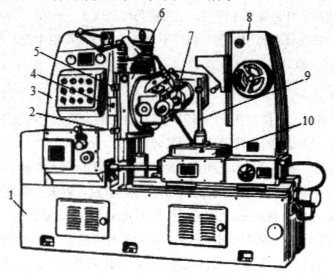

图 7-19 滚齿机

1-床身；2-挡铁；3-立柱；4-行程开关；5-挡铁；

6-刀架；7-刀杆；8-支撑架；9-齿坯心轴；10-工作台

1．滚齿原理与滚刀

滚齿相当于一对交错轴无啮合间隙的斜齿轮相啮合滚动的过程，如图 7-20a）所示。相啮合的一对斜齿轮，当其中一个的齿线螺旋角很大、齿数很少（1 个或几个）时，其轮齿变得很长，如绕数圈则变成了蜗杆。若此蜗杆状齿轮用高速钢制造，并在垂直于螺旋线的方向上（或轴向）开有多条沟槽（即容屑槽），以形成多排刀齿和切削刃，则蜗杆就变成了齿轮滚刀，如图 7-20b）所示。

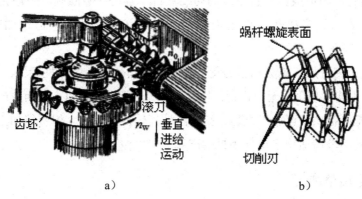

图 7-20 滚齿原理与滚刀

a）滚齿原理；b）滚刀

滚刀与齿坯间的相互切削运动，即可滚切出齿形。滚刀容屑槽的一个侧面，是刀齿的前面，它与"蜗杆"螺纹表面的交线形成一个顶刃和两个侧刃。顶刃前角为零时，称零前角滚刀；为改善切削条件，提高生产率，顶刃前角可制成 5°～10°（称正前角滚刀）。为使刀齿具有后角，并保证在重磨前面后齿形不变，齿高和齿厚也不变，刀齿的后面应是铲背面，通常 $\alpha_0 = 1°～12°$。

2．滚齿运动

如图 7-20a）所示，装在刀杆上的滚刀与工作台上的齿坯之间有以下运动：

（1）主运动。即滚刀的旋转运动，用其转速表示（r/min）。

（2）分齿运动。即滚刀与齿坯间准确地保持一对斜齿轮啮合速比关系的运动。在此运动中，滚刀切削刃包络形成齿轮的轮齿，并连续地分度。若滚刀头数为 z_0，齿坯齿数为 z_w，则滚刀转速 n_0 与齿坯转速 n_w 之间应严格保证 $n_w/n_0 = z_0/z_w$ 的关系。

（3）垂直进给运动。为滚切出全齿宽，滚刀需沿齿坯轴线方向作连续的垂直进给运动，用齿坯每转一转或每分钟滚刀沿齿坯轴向移动的距离表示（mm/r 或 mm/min）。

（4）滚齿的径向切深是由工作台控制的。模数较小齿轮，一般一次切至全齿深；模数较大齿轮，可分 2～3 次滚切。

为保证滚刀螺旋齿的切线方向与齿坯轮齿方向一致，滚刀架应扳转相应的角度。滚切直齿圆柱齿轮时，滚刀架应扳转一个滚刀的螺旋升角 Ψ。

3．滚齿工艺特点和应用

滚齿工艺具有以下几方面特点：

（1）滚齿机分齿传动链比插齿机简单，传动误差小，故分齿精度比插齿高。但滚刀制造、刃磨和检验比插齿刀困难，不易制造得准确，所以滚切出的齿形精度比插齿稍低。上述综合结果，滚齿和插齿的精度基本相同，可达 8～7 级。

（2）滚齿时，因形成齿形包络线的切线数目受容屑槽数限制，一般比插齿少，而且轮齿齿宽是由滚刀齿多次断续切削而成。所以，滚齿齿面 R_a 值比插的大，一般为 3.2～1.6 μm。

（3）一把滚刀可加工模数和压力角与其相同而齿数不同的圆柱齿轮。

（4）滚齿为连续切削，无空行程，且滚刀为旋转运动。所以，滚齿生产率比插齿高。

滚齿使用范围很广，可加工直齿、斜齿圆柱齿轮及蜗轮等。但不能加工内齿轮和相距很近的多联齿轮。滚齿适用于单件小批生产和大批大量生产。

四、圆柱齿轮精整加工

精度高于 7 级或齿形需要淬火的齿轮，在齿形加工后，为进一步提高齿形精度，还需进行轮齿的精整加工。轮齿的精整加工方法主要有剃齿、珩齿、磨齿和研齿。

本章小结

本章主要介绍了镗削加工、拉削、螺纹与齿轮齿形加工。

本章的主要内容有镗床；镗刀；镗削的工艺特点和应用；拉床与拉刀；拉削加工；拉削的工艺特点和应用；螺纹加工；齿轮齿形加工；圆柱齿轮齿形加工和圆柱齿轮精整加工。通过对本章的学习，读者可以了解镗床的类型；了解常用的镗刀类型；掌握镗削的工艺特点和应用；掌握拉削加工的工艺特点和应用；掌握螺纹与齿轮齿形加工。

练习题

1. 镗床常见的类型有哪些？
2. 简述镗削的工艺特点及其应用。
3. 拉削的工艺特点有哪些？
4. 螺纹的种类有哪些？
5. 螺纹的加工方法有哪些？

附　录

附录一　外圆和内孔的几何形状精度

机 床 类 型			圆 度 误 差 /mm	圆 柱 度 误 差 /mm
卧式车床	最大直径/mm	≤400	0.02（0.01）	100：0.015（0.01）
		≤800	0.03（0.015）	300：0.05（0.03）
		≤1600	0.04（0.02）	300：0.06（0.04）
高精度车床			0.01（0.005）	150：0.02（0.01）
外圆磨床	最大直径/mm	≤200	0.006（0.004）	500：0.011（0.007）
		≤400	0.008（0.005）	1000：0.02（0.01）
		≤800	0.012（0.007）	1000：0.025（0.015）
无心磨床			0.01（0.005）	100：0.008（0.005）
珩磨机			0.01（0.005）	300：0.02（0.01）
卧式镗床	镗杆直径/mm	≤100	外圆 0.05（0.025） 内孔 0.04（0.02）	200：0.04（0.02）
		≤160	外圆 0.05（0.03） 内孔 0.05（0.025）	300：0.05（0.03）
		≤200	外圆 0.06（0.04） 内孔 0.05（0.03）	400：0.06（0.04）
内圆磨床	最大直径/mm	≤50	0.008（0.005）	200：0.008（0.005）
		≤200	0.015（0.008）	200：0.015（0.008）
		≤800	0.02（0.01）	200：0.02（0.01）
立式金刚镗			0.008（0.005）	300：0.02（0.01）

附录二　平面的几何形状和相互位置精度

机床类型			平面度误差		平行度误差	垂直度误差	
						加工面对基面	加工面相互间
卧式铣床			300：0.06（0.04）		300：0.06（0.04）	150：0.04（0.02）	300：0.05（0.03）
立式铣床			300：0.06（0.04）		300：0.06（0.04）	150：0.04（0.02）	300：0.05（0.03）
插床	最大插削长度	≤200	300：0.05（0.025）			300：0.05（0.025）	300：0.05（0.025）
		≤500	300：0.05（0.03）			300：0.05（0.03）	300：0.05（0.03）
平面磨床	立卧轴矩台				1000：0.025（0.015）		
	高精度平磨				500：0.009（0.005）		100：0.01（0.005）
	卧轴圆台				1000：002（0.01）		
	立轴圆台				1000：0.03（0.02）		
牛头刨床	最大刨削长度		加工上面	加工侧面			
	≤250		0.02（0.01）	0.04（0.02）	0.04（0.02）		0.06（0.03）
	≤500		0.04（0.02）	0.06（0.03）	0.06（0.03）		0.08（0.05）
	≤1000		0.06（0.03）	0.07（0.04）	0.07（0.04）		0.12（0.07）

注：括号内的数字是新机床的精度标准.

附录三　孔的相互位置精度

加工方法	工件的定位	两孔中心线间或孔中心线到平面的距离误差/mm	在100 mm长度上孔中心线的垂直度误差/mm
立式钻床上钻孔	用钻模	0.1～0.2	0.1
	按划线	1.0～3.0	0.5～1.0
车床上钻孔	按划线	1.0～2.0	
	用带滑座的角尺	0.1～0.3	
铣床上镗孔	回转工作台		0.02～0.05
	回转分度头		0.05～0.1
坐标镗床上钻孔	光学仪器	0.004～0.015	
卧式镗床上钻孔	用镗模	0.05～0.08	0.04～0.2
	用块规	0.05～0.10	
	回转工作台	0.06～0.30	
	按划线	0.4～0.5	0.5～1.0

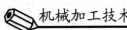

附录四　外圆柱表面的加工精度

加工的精度等级和偏差/μm

直径/mm	车削：粗车 h12h13	车削：半精车或一次加工 h12h13	车削：半精车或一次加工 h11	车削：半精车或一次加工 h10	车削：精车 h9	车削：精车 h8	车削：精车 h7	磨削：一次加工 h8	磨削：一次加工 h7	磨削：粗磨 h6	磨削：粗磨 h5	研磨（用钢球或滚柱工具滚压）h10	h8	h7	h6
1～3	120	120	60	40	25	14	10	14	10	6	4	40	14	10	6
>3～6	160	160	75	48	30	18	12	18	12	8	5	48	18	12	8
>6～10	200	200	90	58	36	22	15	22	15	9	6	58	22	15	9
>10～18	240	240	110	70	43	27	18	27	18	11	8	70	27	18	11
>18～30	280	280	130	84	52	33	21	33	21	13	9	84	33	21	13
>30～50	250～390	340	160	100	62	39	25	39	25	16	11	100	39	25	16
>50～80	300～460	400	190	120	74	46	30	46	30	19	13	120	46	30	19
>80～120	460～520	460	220	140	87	54	35	54	35	22	15	140	54	35	22
>120～180	530～680	530	250	160	100	63	40	63	40	25	18	160	63	40	25
>180～260	600～760	600	290	185	115	72	46	72	46	29	20	185	72	46	29
>260～360	680～1150	680	320	230	140	89	57	89	57	36	25	230	89	57	36
>360～500	760～1350	760	360	250	155	97	63	97	63	40	27	250	97	63	40

附录五　平面的加工精度

加工的精度等级和偏差值/μm

说明（分组）：刨削、用圆柱铣刀及端铣刀铣削｜拉削｜磨削｜研磨｜用钢球或滚柱工具滚压

高度或厚度的基本尺寸/mm	粗加工 <13	粗加工 12	粗加工 11	半精加工或一次加工 12	半精 11	半精 10	半精 9~8	半精 7	半精 6	精加工 11	精加工 10	精加工 9~8	精加工 7	精加工 6	粗拉 10	粗拉 9~8	精拉 7	精拉 6	磨削一次加工 9~8	磨削一次加工 7	粗磨 9~8	精磨 7	精磨 6	研磨 7	研磨 6	研磨 5	滚压 10	滚压 9~8	滚压 7
10~18	430	240	110	240	110	70	35	18	11	110	70	35	18	11	70	35	18	11	35	18	35	18	11	18	11	8	70	35	18
18~30	520	280	130	280	130	84	45	21	13	130	84	45	21	13	84	45	21	13	45	21	45	21	13	21	13	9	84	45	21
30~50	620	340	160	340	160	100	50	25	16	160	100	50	25	16	100	50	25	16	50	25	50	25	16	25	16	11	100	50	25
50~80	700	400	190	400	190	120	60	30	19	190	120	60	30	19	120	60	30	19	60	30	60	30	19	30	19	13	120	60	30
80~120	870	460	220	460	220	140	70	35	22	220	140	70	35	22	140	70	35	22	70	35	70	35	22	35	22	15	140	70	35
120~180	1000	530	250	530	250	160	80	40	25	250	160	80	40	25	160	80	40	25	80	40	80	40	25	40	25	18	160	80	40
180~260	1150	600	290	600	290	185	90	46	29	290	185	90	46	29	185	90	46	29	90	46	90	46	29	46	29	20	185	90	46
260~360	1350	680	360	680	360	230	100	57	36	360	230	100	57	36	230	100	57	36	100	57	100	57	36	57	36	25	230	100	57
360~500	1550	760	400	760	400	250	120	63	40	400	250	120	63	40	250	120	63	40	120	63	120	63	40	63	40	27	250	120	63

注：① 本表适用于尺寸小于 1 m，刚度好的零件加工，用光洁加工过的表面作定位基准面和度量基面。

② 面铣刀铣削的加工精度在相同条件下，大体上比圆柱铣刀铣削高一级。

③ 细加工仅用于端铣刀。

参考文献

[1] 王家珂. 机械零件加工工艺编制[M]. 北京：机械工业出版社，2016.

[2] 魏杰. 机械加工工艺项目操作[M]. 北京：北京理工大学出版社，2016.

[3] 吕谊明. 机械制造技术[M]. 北京：高等教育出版社，2016.

[4] 刘英."机械制造技术基础"教师记注[M]. 北京：科学出版社，2016.

[5] 杨化书. 机械制造技术[M]. 北京：北京理工大学出版社，2016.

[6] 张黎. 机械制造基础[M]. 北京：人民邮电出版社，2016.

[7] 莫持标，张旭宁. 机械制造技术[M]. 武汉：华中科技大学出版社，2016.

[8] 郭建烨. 机械制造技术基础[M]. 北京：北京航空航天大学出版社，2015.

[9] 彭丽英,周俊华. 机械制造技术[M]. 北京：中国轻工业出版社，2016.

[10] 李玉平. 机械制造基础[M]. 重庆：重庆大学出版社，2016.